Kerstin Plehwe

Die Weisheit der Elefanten

Was ich als Rangerin im Krüger-
Nationalpark fürs Leben lernte

Mit 44 farbigen Abbildungen
und einer Karte

www.cpibooks.de/klimaneutral

Mehr über unsere Autoren und Bücher:
www.malik.de

Für Eija, in Liebe
Für Caroline, in Dankbarkeit
Und für alle, die in sich einen noch ungelebten Traum haben

Bibliografische Information der Deutschen Nationalbibliothek
Die Deutsche Nationalbibliothek verzeichnet diese Publikation in der Deutschen Nationalbibliografie; detaillierte bibliografische Daten sind im Internet über http://dnb.d-nb.de abrufbar.

MALIK NATIONAL GEOGRAPHIC

Aktualisierte Taschenbuchausgabe
August 2015
© Piper Verlag GmbH, München/Berlin 2013 und 2015
Umschlaggestaltung: Dorkenwald Grafik-Design, München
unter Verwendung eines Entwurfs von kohlhaas-buchgestaltung.de
Umschlagabbildungen: Mauritius images/Alamy (vorne oben),
Kerstin Plehwe (alle anderen)
Fotos: Kerstin Plehwe
Karte: Eckehard Radehose, Schliersee
Satz: Greiner & Reichel, Köln
Litho: Lorenz & Zeller, Inning a. A.
Papier: Naturoffset ECF
Druck und Bindung: CPI books GmbH, Leck
Printed in Germany   ISBN 978-3-492-40580-5

Das Papier wurde aus chlorfrei gebleichtem Zellstoff hergestellt.

Inhalt

Jede Reise hat eine Vorgeschichte – dies ist meine	9
Ein Kindheitstraum wird neu erweckt	13
Von der Theorie zur Praxis: Träume wollen gelebt werden	21
Die Vorboten meines Ausstiegs auf Zeit	25
Das Abenteuer Afrika beginnt	31
Mein erster Tag im Busch	41
Wer ein Ranger werden will, muss Regel Nummer eins kennen	51
Die Vögel und ich	56
Wie blind sind wir eigentlich?	61
Tierische Begegnungen	69
Der Elefant vor dem Auto	74
Mein Freund der Baum	79
Der unsichtbare Löwe	85
Die Sache mit der Angst	93
Die Kunst des Zuhörens oder: Wie ich lernte, die Vögel zu lieben	98
Lektionen fürs Leben, Teil 1	105

Lektionen fürs Leben, Teil 2	114
Lektionen fürs Leben, Teil 3	118
Elefanten:	
Giganten mit ungeahnten Talenten	122
Der Alltag im Busch oder:	
Warum Burnout hier ein Fremdwort ist	128
Halbzeit: Der erste (und einzige) freie Tag	134
Die Nacht unter Sternen	139
Hyänen, die heimlichen Königinnen der Savanne	147
Hilfe, sie spricht!	
Meine innere Stimme wird wach	153
Leben heißt lernen	158
Auf den Spuren der Löwen: Lektionen	
für Führungskräfte und Vielbeschäftigte	162
Überraschende Fähigkeiten beim Schießen	168
Elefantenalarm	173
Wasser im Zelt	179
Die große Erkenntnis oder:	
Die Sache mit der Freiheit	186
Waka Waka – der große Prüfungstag ist da	190
Der Kreis schließt sich:	
Mein Treffen mit Intombi	200
Der letzte Morgen im Busch	207
Rückkehr in die Zivilisation	213
Tschüs Afrika, hallo Berlin!	221
Nachwort	226
Danksagung	233
Weiterführende Links	235

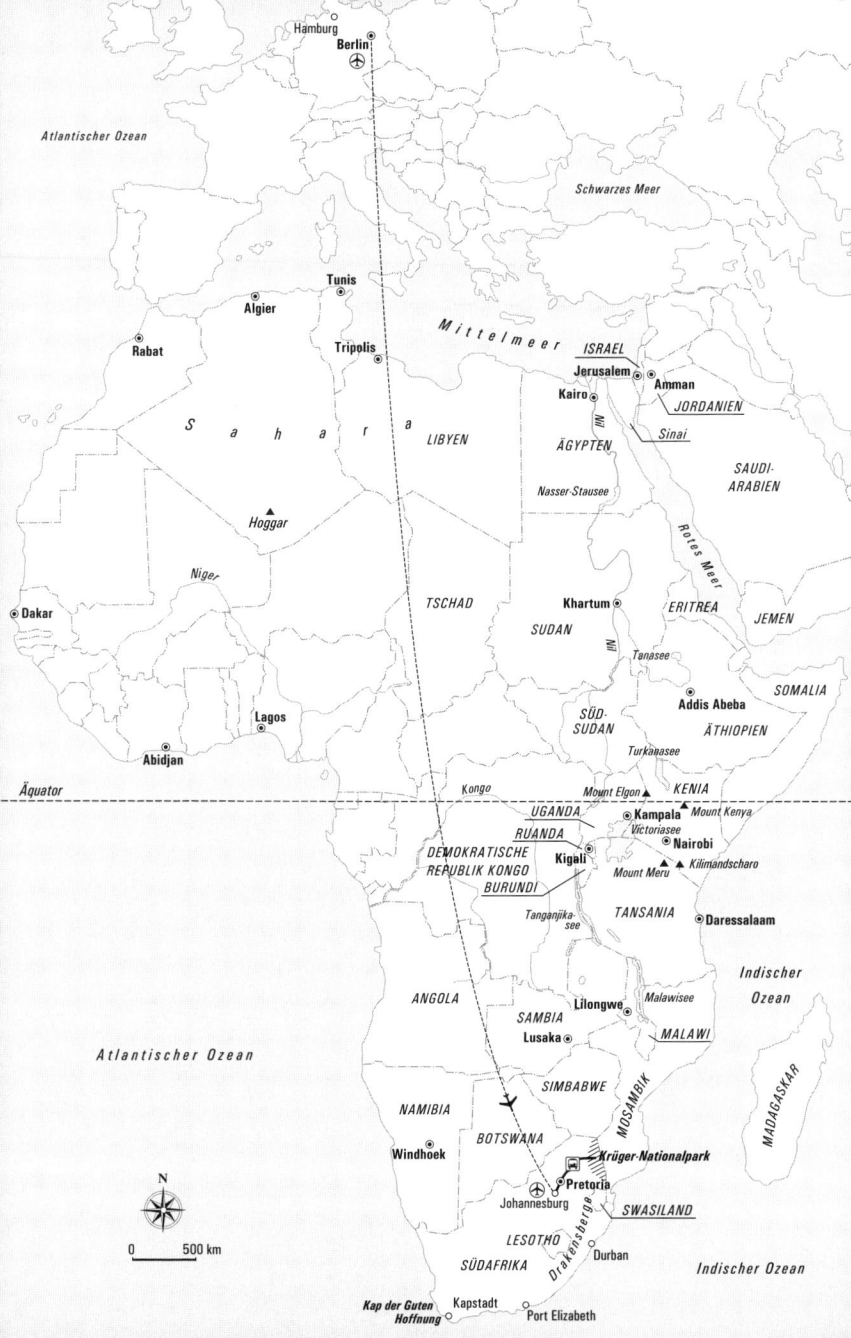

Jede Reise hat eine Vorgeschichte – dies ist meine

Oft kann man den Faden einer Vorgeschichte einen weiten Weg zurückverfolgen. Währenddessen eröffnen sich einem dann manchmal Erkenntnisse, die einem helfen, das eigene Leben und Handeln besser zu verstehen, insbesondere dann, wenn der Faden bis in die Kindheit zurückverfolgt werden kann.

Mit der Kindheit ist es aber so eine Sache. Zumindest in meinem Fall. Obwohl ich mich sicher nicht beschweren darf über diese frühe Zeit – Eltern, die es immer gut mit einem meinten und die typischen Verhältnisse einer deutschen Durchschnittsfamilie –, so hatte ich sie doch in die hintersten Ecken meiner Erinnerung verbannt. Wozu auch daran denken?

Ich war erwachsen, und ich war heilfroh darüber. Ich blickte auf eine langjährige, spannende und in den Augen vieler erfolgreiche unternehmerische Tätigkeit als Beraterin für Unternehmen und politische Parteien zurück, mit Fernsehauftritten, Strategiegesprächen und internationalen Wahlkampfanalysen. Ich war beruflich viel unterwegs, verdiente mehr als ausreichend Geld, hatte eine Menge Länder gesehen, traf interessante Menschen, schrieb Bücher und war – vor allem (!) – sehr beschäftigt. Meine Arbeitstage waren lang, die freien Wochenenden wenig an der Zahl. Urlaube fand ich überbewertet, es sei denn, man konnte sie mit einer spannenden Konferenz verbinden. Aber das alles störte mich nicht, hatte ich mir es doch selbst so ausgesucht.

Ich wollte ganz oben mitspielen, mein eigenes Unternehmen haben, und beklagte mich deswegen auch nicht über den Preis, den das kostete. Das fand ich nur fair, schließlich genoss ich ja auch die vielen Vorzüge dieses Lebens ohne finanzielle Schwierigkeiten und voller beruflicher Herausforderungen. Mein Leben war anstrengend, aber toll. Und wenn es einmal nicht toll war, dann biss ich mich eben durch. Wie ein echter Manager eben. Wobei: Den Begriff »Manager« meine ich durchaus weit gefasst. Es gibt viele Arten von Managern: Alle haben Tag für Tag viel zu organisieren, viel Verantwortung und wenig Zeit für sich. Insofern sind auch Mütter, Politiker, Krankenschwestern, Rechtsanwälte etc. in meinen Augen Manager – und ich eine von vielen.

Die Kindheit eines Managers ist meist lange her und verläuft bei jedem Einzelnen sicher immer sehr unterschiedlich, aber die Rahmenbedingungen in der Gegenwart sind oft ähnlich. Sie zeigen ein immer größer werdendes Ungleichgewicht zwischen Input und Output.

Die Gleichung: »Je mehr man gibt, desto mehr erhält man zurück«, geht irgendwann einfach nicht mehr auf. Im Gegenteil: Eine vage Leere und das Gefühl, dass etwas falsch läuft, nicht nur bei einem selbst, sondern in unserer gesamten Gesellschaft, klopft in stets kürzer werdenden Abständen an die Tür des eigenen Bewusstseins. Im Alltag dreht sich währenddessen das Hamsterrad weiter. Der äußere Druck steigt, die Zufriedenheit nimmt ab, und man sagt sich immer öfter, man muss doch dankbar dafür sein, wie gut es einem im Vergleich zu anderen geht.

Auch die Leichtigkeit, mit der früher Dinge angestoßen und umgesetzt wurden, schwindet. Zwischen stetigem Zeit- und Termindruck, steigender Komplexität im Umfeld, zunehmender Fremdbestimmtheit und einem hohen Investment von Energie schleicht sich die leise Frage nach der eigenen Führung ein: Wer hat hier eigentlich die Zügel in der Hand? Sitze ich eigentlich im Sattel meines Lebens oder reitet mein Leben mich?

Bei mir sah es genau so aus. Ich war ständig beschäftigt, aber nur selten befriedigt. Hinzu kam, dass mich, wie in einem schleichenden Prozess, viele Dinge deutlich weniger befriedigten, als es früher der Fall gewesen war. Vielleicht hatte ich mich ganz einfach an die Dinge gewöhnt, die mir früher so wichtig gewesen waren und die ich nun aber in meinem Leben versammelt hatte. Ein tolles Auto, Statussymbole, Erfolg.

Und vielleicht war es ebendiese unterschwellig vorhandene Unzufriedenheit, dieses Fehlens von etwas Wichtigem, das mich im Kopf wieder offen werden ließ für neue Möglichkeiten und Herausforderungen jenseits alter Muster. Neue Chancen, die meinem Leben mehr Tiefe geben konnten. Und natürlich Sinn. Denn den suchen wir alle irgendwie in dem, was wir tun, oder?

Natürlich betrieb ich diese Suche nicht aktiv. Dazu hatte ich gar keine Zeit. Meine Tage waren dank Assistentin,

Blackberry und vieler verschiedener Verantwortungen auch außerhalb meiner Beraterfirma bis in den kleinsten Winkel des Tages durchgetaktet. Dennoch gab es da ein Gefühl notwendiger Veränderung in mir, dem ich zwar nicht bewusst nachging, aber es auch nicht vor mir selbst verleugnete.

Und dann half mir das Leben. Denn unser Leben ist nichts anderes als eine Reise, die, ob man es plant oder nicht, immer wieder ganz unerwartete Perspektiven für jeden von uns bereithält. Und wenn diese Möglichkeiten kommen und man sie erkennt, muss man nur noch zugreifen.

Für manche ist dieses Zugreifen einfacher als für andere, aber wer es tut, wird für seinen Mut belohnt. In meinem Fall trat die Chance in Person einer jungen Frau auf mich zu. Und an diesem Tag passierte etwas in meinem Erwachsenenleben, was eng mit meiner nahezu vergessenen Kindheit verbunden war.

Ein Kindheitstraum
wird neu erweckt

Der Tag, der mein Leben verändern sollte, begann wie so viele Tage des Jahres in Berlin: grau, verregnet, hektisch. Nichts wies darauf hin, dass es ein besonderer Tag werden sollte, ein Tag, an den ich noch heute, viele Monate später, oft und gerne zurückdenke.

Ich war von meiner Wohnung auf dem Weg zum Flughafen, und mein Taxi schob sich durch den schier endlosen Verkehr. Ich tat, was ich immer im Taxi tat: Ich las und beantwortete E-Mails und ärgerte mich über mich selbst, dass mein Magen das fehlende Frühstück in Verbindung mit der großen Portion Kaffee und das Starren in meinen steten Blackberry-Begleiter nicht wirklich gut vertrug.

Schließlich gab ich dem Grollen meines Magens nach, steckte den Blackberry in die Handtasche und tröstete mich mit dem Gedanken, dass ich gleich nach Dublin fliegen würde, um eine spannende Person zu treffen, die ich für ein Buch über erfolgreiche Frauen aus aller Welt porträtieren wollte. In *Female Leadership – Die Macht der Frauen* wollte ich die Wege von Top-Frauen zum Erfolg nachvollziehen, ihr Wissen und ihre Erfahrungen durch persönliche Gespräche für andere nutzbar machen. Der Name der Frau, die ich an diesem Tag treffen wollte, war Caroline Casey, eine junge Irin, die mich aufgrund ihrer Lebensgeschichte schon bei der Vorabrecherche sehr beeindruckt hatte. Sie war blind, was sie aber nicht davon abgehalten hatte, eine international anerkannte, soziale Unternehmerin zu werden. Nach einer beeindruckenden Karriere in einer Unternehmensberatung setzt sie sich heute mit ihrer Stiftung »Kanchi« sehr erfolgreich und innovativ für die Integration von Behinderten in normale Jobs in der Wirtschaft ein. Ich freute mich auf das Kennenlernen dieser ungewöhnlichen Frau, das an diesem Tag für elf Uhr vormittags angesetzt war.

Dublin war bei der Ankunft genauso grau und verregnet wie Berlin, der Verkehr auf den Straßen nicht minder hektisch. Das Büro von Caroline Casey lag zentral, und ich schaffte es tatsächlich, um elf Uhr bei ihr zu sein. Punktlandung. Als sie mir dann die Tür zu ihrem Büro öffnete, war ich bass erstaunt: Caroline bewegte sich nicht wie eine blinde Frau. Sie sah auch überhaupt nicht so aus, wie ich mir blinde Menschen vorgestellt hatte. In ihr war eine unglaubliche Energie, das war vom ersten Moment an zu spüren.

Nach der Begrüßung raste sie regelrecht einen langen Gang entlang in Richtung eines Meeting-Raums, riss die Tür zu diesem auf, alles mit einer hohen Selbstsicherheit, als würde sie jeden Millimeter des Raumes kennen. Sie bot mir einen Platz an einem langen Konferenztisch an, danach ein Getränk, alles mit einer enormen Geschwindigkeit. Dass ich das so deutlich registrierte, hatte damit zu tun, dass ich sie mir wohl langsamer und unsicherer in ihren Bewegungen vorgestellt hatte. Sie aber wirkte wie ein Mensch, der ganz normal sehen konnte. Unfassbar. Schlagartig wurde mir klar: Dieses Gespräch wird um ein Vielfaches spannender als jede Darstellung der (beeindruckenden) Fakten ihres Lebens online. Zu diesem Zeitpunkt hatte ich noch keine Ahnung, dass mein eigenes Leben nach diesem Gespräch eine neue Wendung bekommen sollte und ich nicht nur hier war, um Carolines Geschichte zu hören.

Caroline Casey wurde mit einer schweren Augenkrankheit geboren, einer Augenkrankheit, die sie mit den Jahren fast vollkommen blind machte und die vielen anderen Menschen ein Leben als behinderter Mensch vorherbestimmt hätte. Nicht so Caroline. Ihre Eltern bestanden darauf, sie normal aufzuziehen. Ohne Sonderbehandlungen, ohne Blindenschule, ohne Ausflüchte. Im Gegenteil. Ihr Vater forderte seine Tochter immer wieder heraus und brachte ihr von klein auf bei, dass sie nicht blind sei, sondern lediglich anders sehen würde als beispielsweise ihre Mitschülerinnen.

Unternahm er einen Segelausflug mit ihr, verlangte er von ihr, das Boot zurück in den Hafen zu steuern, und in der Schule forderte er Gleichberechtigung für seine Tochter ein. Später setzte er sie im eigenen Unternehmen, einer Druckerei, in dem Bereich ein, in dem man sicher am wenigsten ein nahezu blindes Mädchen im Ferienjob erwartet: in der Qualitätssicherung von Druckerzeugnissen. Insofern dauerte es auch fast achtzehn Jahre, bis Caroline akzeptierte, dass sie bestimmte Dinge nun beim besten Willen nicht tun konnte. Autofahren zum Beispiel.

Dies musste ihr allerdings erst ein Amtsarzt in Dublin mitteilen. Denn beantragt hatte sie den Führerschein mit der ihr eigenen Überzeugung, nicht blind zu sein, sondern nur anders zu sehen als andere.

Auch in ihrem weiteren Leben war Caroline nicht gewillt, Rückschritte oder Einbußen hinzunehmen. Sie absolvierte eine Business School und machte Karriere bei einer internationalen Unternehmensberatung. Mit Recht war sie stolz auf die außerordentliche Extraleistung ihres Körpers, mit dem sie nach außen hin ein nahezu normales Leben führte. Bis er eines Tages nicht mehr wollte und ihr dies durch verschiedenste Zeichen und große Schmerzen auch unmissverständlich deutlich machte. So lag es an ihr, eine neue berufliche Herausforderung zu suchen, eine, bei der sie niemandem etwas beweisen musste und doch sie selbst sein konnte. Und ebendiese Herausforderung fand sie dann, und sie wurde der Grund, warum ich Caroline porträtieren wollte: Sie hatte nämlich beschlossen, als erste Frau der Welt auf einem Elefanten durch Indien zu reiten, um auf die Fähigkeiten (nicht die Behinderung!) von blinden Menschen aufmerksam zu machen. Warum wählte sie diesen Weg?

»Warum ein Elefant?«, fragte ich sie.

Die einfache Antwort von ihr: »Weil es mein Kindheitstraum war, wie Mogli aus dem *Dschungelbuch* auf einem Elefanten zu reiten.«

Nee, ist klar, ein Kindheitstraum, dachte ich leicht ironisch. Was soll einen sonst motivieren, alleine auf einem Elefanten durch Indien zu reiten?

Während ich dieser jungen Frau gegenübersaß, konnte ich kaum fassen, was ich in der letzten Stunde gehört und gesehen hatte. Nicht nur, dass Caroline nicht blind aussah – wahrscheinlich sahen für mich blinde Menschen irgendwie alle wie Stevie Wonder aus, entweder mit Brille oder einem ganz spezifisch abwesenden Gesichts- und Augenausdruck, jedenfalls deutlich erkennbar blind. Sie aber war das Gegenteil davon. Ihre blauen wachen Augen und langen blonden Haare machten sie zu einer außerordentlich attraktiven Frau, die in keinster Weise eingeschränkt wirkte. Sie versprühte auch eine Überzeugungskraft und Power, die ich in vielen Jahren im Umgang mit Managern und Politikern selten erlebt hatte. Und sie sprach von einem Kindheitstraum, den sie als Erwachsene umgesetzt hatte. Wer tut das schon?

Und dann, mir nichts, dir nichts, ohne Ankündigung oder Vorwarnung, wendete sie das Blatt unseres Gesprächs. Völlig unvermittelt und mir direkt in die Augen schauend fragte sie: »Und was war dein Kindheitstraum?«

Ich war perplex, wusste keine Antwort. Aber von irgendwo ganz tief in mir stieg etwas auf. Keine Antwort, aber ein Gefühl. Und ehe ich mich versah, war dieses Gefühl weiter aufgestiegen und war so intensiv, dass es mir, der Geschäftsfrau, Tränen in die Augen trieb. Mir blieb die Luft weg. Was war das denn?

Was da hochstieg, war das tiefe Empfinden einer großen Traurigkeit, und noch ehe ich reagieren konnte, hatte Caroline (obwohl nichts sehend) meine Reaktion mitbekommen. Sie stand wortlos auf und holte Taschentücher. Ich blieb zurück und kämpfte weiter gegen meine Tränen an. Verwirrt, peinlich bewegt, ertappt.

Ich konnte nicht glauben, was gerade passiert war, und erkannte mich selbst nicht wieder. Weinen, gegenüber Fremden? Noch dazu ohne ersichtlichen Grund? Rasend schnell versuchte ich meine Fassung zurückzugewinnen, und als Caroline wieder ins Zimmer trat, war es mir auch gelungen. Aber dennoch: Dass ich so gar keine Antwort auf die Frage wusste, erstaunte mich zutiefst, war es mir doch in den vielen Jahren meines Berufs als Beraterin schon fast zur zweiten Natur geworden, immer eine Antwort parat zu haben. Und nun das.

Nach ihrer Rückkehr gelang es mir, unser Interview auf für mich sichereres Terrain zurückzuführen, und auch Caroline sprach das Thema Kindheitstraum nicht mehr an. Erst beim Abschied, nach einer herzlichen Umarmung, sagte sie: »Versuche, dich an deinen Kindheitstraum zu erinnern. Und wenn du dich wieder erinnern kannst, und der Gedanke daran macht dich glücklich, dann setz ihn um.« Ich versprach es, einmal mehr an diesem Tag perplex, und stieg in mein Taxi zurück zum Flughafen.

Kennen Sie den Moment im Flugzeug, wenn die Maschine die Wolkendecke durchbricht, die Welt unten ganz klein geworden ist und Sie bei meist wunderbarem Licht freie Sicht auf Heerscharen samtener Schäfchenwolken haben?

In diesem Moment bekomme ich immer Abstand zum Trubel der Welt, zu meinen Alltagssorgen und allem, was noch so da unten ist. So auch dieses Mal. Das Gespräch mit Caroline ging mir dennoch nicht aus dem Kopf. Vielleicht, weil ich noch nie in einer so merkwürdigen Situation gewesen war, vielleicht, weil mich meine Reaktion auf die eigentlich einfache Frage so erschreckt hatte.

Wie auch immer, ich dachte zurück an meine Kindheit. Was hatte ich für Träume gehabt? Was war mir wichtig gewesen? Was wollte ich mal werden, wenn ich erwachsen bin? Ich hatte keine Ahnung, nicht mal einen Schimmer, alles war verschüttet und gefühlt ewig weit weg. Aber ich beschloss, darüber nachzudenken. Und siehe da, hoch über den Wolken, noch eine gute Flugstunde von Berlin entfernt, stiegen langsam, erst bruchstückhaft, aber dann ständig klarer einzelne Bilder meiner Kindheit auf.

Langsam, wie bei einer Wiese im Morgennebel, lichteten sich dann auch die letzten Schleier. Und auf einmal sah ich es: das kleine Mädchen, das ich vor gut dreißig Jahren einmal gewesen war. Wie Tausende anderer Mädchen in dem Alter trug ich freche Zöpfe und hatte unzählige Sommersprossen. Wir lebten zu dem Zeitpunkt in Südafrika, weil mein Vater dort beruflich zu tun hatte. Er arbeitete für einen großen deutschen Konzern, der wie viele andere internationale Firmen auch eine Niederlassung in Südafrika hatte. Meine Mutter kümmerte sich zu Hause um alles, auch um meinen älteren Bruder und mich.

Es war eine schöne Zeit. Eine Zeit voll neuer Erlebnisse, wunderbarer Abenteuer, endloser Weite und großartigen Begebenheiten mit den großen und kleinen Tieren Afrikas. Und auf einmal hörte ich innerlich meine eigene Stimme. Mit einer Mischung aus Überzeugung und Stolz verkündete sie eines Abends: »Wenn ich groß bin, werde ich Ranger im Krügerpark.«

Aha. Das Rätsel war gelöst. Das Abenteuer, mein höchstpersönliches Erwachsenen-Abenteuer, das sollte aber erst noch beginnen. Das war mir in diesem Moment jedoch überhaupt nicht klar. Ich war einfach nur beseelt und glücklich in meiner Erinnerung an das kleine neunjährige Mädchen, das ich einmal gewesen war und das davon träumte, Ranger zu werden. Ranger fand ich großartig. Die ewig braun gebrannten Frauen und Männer fuhren mit ihrem Jeep in schicken beigefarbenen Uniformen, auf denen tolle Abzeichen prangten, als engagierte Wildhüter durch die Savanne, stellten gefährliche Wilderer und kümmerten sich um die großen und kleinen Leiden ihrer tierischen Zöglinge. Tagsüber betreuten sie Gäste, die aus fremden Ländern kamen und sich in einem Touristencamp unter Leitung von Rangern aus den unterschiedlichsten Gründen den Tieren Afrikas nähern und die Natur von ihrer schönsten Seite erleben wollten, und abends würden die Ranger dann die abenteuerlichsten Geschichten am Lagerfeuer erzählen, um morgens früh den Fährten der Nacht zu folgen. Aufregend.

So ungefähr stellte ich mir wohl den Beruf eines Rangers vor. Für eine Berufsberatung war ich damals noch zu jung, aber wer weiß, vielleicht hätte man mir diesen Wunsch auf der Basis irgendwelcher kruder Testergebnisse nur versucht auszureden. Ich jedenfalls hegte für die Ranger eine große kindliche Begeisterung. Dieses Herumfahren durch Nationalparks und immer wieder Tieren auf der Spur zu sein. Etwas Schöneres konnte ich mir kaum vorstellen. Ich bin übrigens auch selbst ein großer Tierfreund – solange die Tiere eine gewisse Größe haben. Jeder Hund auf der Straße, jedes Pferd am Zaun und jedes Schaf auf der Weide wird wahrgenommen und im Geiste gestreichelt. Zu Hause ist zudem seit vielen Jahren ein Hund Teil der Familie, und der Grund, warum es nicht mehr Haustiere sind, liegt einzig und allein in meinem zeitaufwendigen, mit vielen Reisen verbundenen Beruf.

Von der Theorie zur Praxis:
Träume wollen gelebt werden

Ranger zu werden bedeutete mir als Mädchen also unendlich viel, und ich muss heute noch lächeln, wie felsenfest ich davon überzeugt war, dass es auch passieren würde. Dabei war dieser Wunsch nicht etwa entstanden, weil ich von so bekannten Fernsehserien wie *Lassie* oder *Kimba, der weiße Löwe* angesteckt war. Nein, mein Wunsch entstand dort, wo ich die Ranger zum ersten Mal arbeiten sah: Im südafrikanischen Krüger-Nationalpark, mit 20 000 Quadratkilometern eines der größten Wildschutzgebiete der Welt. Dort, inmitten von Elefanten, Löwen, Nashörnern, Giraffen und Zebras, verbrachte ich mit meinen Eltern und meinem älteren Bruder zwei Jahre lang nahezu jede Ferien.

Zu dieser Zeit wohnten wir in Pretoria, dem Regierungssitz Südafrikas, und der Job meines Vaters in dem deutschen Konzern erschien mir im Vergleich zu meinen Tieren im Krügerpark nicht nur total uncool, sondern auch als ein Buch mit sieben unattraktiven Siegeln versehen. Dass ich Jahrzehnte später ebenso einen »echten« Job in der »normalen« Welt machen würde, war mir zu diesem Zeitpunkt noch nicht klar. Meine Welt war Afrika. Ob Ostern, Weihnachten oder im Sommer, ich zählte immer bereits die Tage bis zur Abreise zu meinen geliebten Tieren. Waren wir im Park angekommen, genoss ich jede Minute in der von den Südafrikanern liebevoll »Busch« genannten Natur.

Aber eines Tages ging die Abreise nicht in den Urlaub, sondern zurück nach Deutschland. Und in einen exakt eingezäunten Vorgarten im Südwesten von München.

Zwischen den nahenden Pubertätsproblemen eines Mädchens mit dem Wunsch nach Freiheit, zwischen Schule, Studium und Beruf verblasste der Traum dann Stück für Stück. So lange, bis ich ihn ganz vergessen hatte und nach Dublin fliegen musste, um mich daran zu erinnern.

Nun war er aber wieder da, mein Kindheitstraum, und obwohl ich mir ziemlich dumm dabei vorkam und ein ziemlich schlechtes Gewissen gegenüber nahezu jedem in meinem Umfeld hatte, entschied ich, diesen Traum mit Leben zu erfüllen. Das war mehr eine Bauch- als eine Kopfentscheidung, und das war auch gut so, denn der Kopf eines Managers findet keine guten Argumente dafür, einem Kindheitstraum zu folgen, geschweige denn die damit verbundene Auszeit auch umzusetzen.

Mein Bauch aber war fest entschlossen und wurde, das half enorm, von seinem familiären Umfeld sehr bestärkt. Jeder redete mir zu: »Du musst das machen, du musst auf deine Gefühle hören! Die Idee ist toll! Mach es endlich!« Wieso endlich? Nun erfuhr ich, dass ich in den Jahren zuvor schon öfter den Wunsch geäußert hätte, Rangerin zu werden, was ich aber keineswegs erinnern konnte. Seltsam. Schließlich argumentierte dann aber doch noch mein Kopf: Immerhin hätte ich Caroline das Versprechen gegeben, ebendies zu tun, falls es sich bei der Erinnerung gut anfühlen würde. Und das tat es. Sogar mehr als das. Das Glücksgefühl in meinem Bauch bei der schieren Erinnerung daran verursachte eine Wärme und ein wohliges Kribbeln, das ich lange nicht mehr gespürt hatte.

Also hieß es handeln. Und das geht schnell, wenn ein Manager erst einmal eine Entscheidung getroffen hat. In kürzester Zeit hatte ich Angebote von Institutionen in Südafrika gefunden, die Ranger-Ausbildungen anboten, und hatte mich auch, ebenfalls gesteuert vom Bauchgefühl, für eine davon entschieden. Da ich über Jahrzehnte gelernt hatte, nach einer Entscheidung konsequent zu agieren, sprich: immer Nägel mit Köpfen zu machen, erschien es mir nur logisch, die gefundene Ausbildung auch umgehend zu buchen und zu bezahlen. Wozu warten? Zeit in meiner damaligen Welt war ein knappes, höchst wertvolles Gut.

Im Nachhinein denke ich, ich hätte mich intensiver und ausführlicher mit der Ranger-Ausbildung beschäftigen können. Hätte mich informieren können, was es genau zu lernen gibt und welche Voraussetzungen hilfreich sind. Andererseits: Hätte ich das gemacht, wer weiß, ob ich mich dann für Ranger-geeignet gehalten hätte. Vermutlich nicht. Ich hätte wahrscheinlich viele gute Argumente gefunden, diese mentale und körperlich anstrengende Power-Ausbildung, noch dazu in einer Fremdsprache, sein zu lassen. Als Frau jenseits der vierzig hätte ich mir sicher andere Herausforderungen suchen können. Hätte, könnte, müsste, sollte. Mein Managerkopf hasst Konjunktive. Das Leben ist ja auch keiner.

Ich buchte – und hatte danach noch ein gutes halbes Jahr Zeit, bis das Abenteuer im Krügerpark (wo auch sonst?) beginnen sollte. Genug Zeit, um fast zu vergessen, wofür ich mich entschieden hatte.

Die Vorboten meines Aussstiegs auf Zeit

Obwohl mein Alltag mich zurückhatte, erschienen ab und zu Vorboten aus Südafrika. Zum Beispiel erhielt ich ein umfangreiches Paket mit Anmeldebestätigung, Fachliteratur (die ich völlig ignorierte und später ungelesen in meinen Koffer schmiss) sowie einer To-do-Liste. Mit Letzterem kannte ich mich besonders gut aus, erstellte ich doch jeden Tag meine eigene und die für etliche Mitarbeiter. Diese To-do-Liste war allerdings anders. Sie enthielt zwar einige Shopping-Artikel (und shoppen tue ich gerne), aber auch Bestätigungen, die ich noch beibringen musste. Zum Beispiel ärztliche Atteste über meine Fitness, über Impfungen und Krankheiten. Zudem verlangte man von mir ein aktuelles Zeugnis, dass ich einen Erste-Hilfe-Kurs absolviert hatte. Na toll. Wie lange war mein Führerschein her? Dafür hatte ich doch einen Erste-Hilfe-Kurs belegen müssen. Warum hatte der keine Gültigkeit mehr? Sofort stieg Ärger in mir auf. Woher die Zeit für diesen Papierkram und für diesen Kurs nehmen?

Ich war sowieso schon am äußersten Limit meiner zeitlichen Kapazitäten. Dennoch, die Tonalität der Papiere war klar: keine ärztlichen Atteste, kein Ranger-Kurs. Die ersten Zweifel an meinem Vorhaben regten sich in mir.

Diese wurden allerdings deutlich verstärkt, als ich ein Beiblatt meines Info-Pakets entdeckte, welches unterschrieben und zurückgeschickt werden sollte. Es war eine Haftungsabtretung. Ich wurde darauf hingewiesen, dass die Ausbildung in einem offenen, nicht eingezäunten Camp durchgeführt wurde, was mit sich brachte (und auch explizit benannt wurde), dass es zu »einem direkten Zusammentreffen mit gefährlichen Tieren kommen könne«. Zukünftige Möchtegern-Ranger mussten diesen Umstand akzeptieren und unterschreiben, dass ihnen diese Gefahr bewusst ist, beziehungsweise dass sie im Falle eines Falles von Regress- oder sonstigen Forderungen Abstand nehmen würden. Die Zweifel wurden größer. Was würde ich tun, wenn im Camp plötzlich ein Löwe vor mir stehen würde? Ich wusste keine Antwort. Aber ich unterschrieb. Es gab einfach kein Zurück.

Dennoch: Der Gedanke eines »direkten Zusammentreffens« mit einem wilden Tier nagte an mir, und mir gingen Dinge durch den Kopf, denen ich bisher nie Raum in meinem Leben gegeben hatte. Mir wurde bewusst, dass ich während der Ausbildung nicht mehr in der Komfortzone meines sonstigen Lebens sein würde. Dort war nichts sicher. Die Wahrscheinlichkeit, dass etwas passierte, war nicht gerade riesengroß, aber sie war auch nicht von der Hand zu weisen. Aber was ist, wenn ich dort krank werde oder mich ein Elefant schwer verletzt? In dem vom Camp aus nächstgelegenen Krankenhaus in der Ortschaft Nelspruit war ich nie gewesen, aber ich wusste, dass ich dort niemals liegen und behandelt werden wollte. Zumal: Krankheit war für mich bisher nie ein Thema gewesen, und in den letzten zwanzig Jahren meiner Karriere war ich überhaupt nur drei Mal krank gewesen. Ich definierte mich und mein Leben über Aktivität, und meine tägliche Herausforderung war es, in die vierundzwanzig Stunden eines Tages so viel wie möglich hineinzupacken.

In Verbindung mit einer möglichen Erkrankung tauchten auf einmal auch Fragen nach dem Tod auf. Ich hatte nie darüber nachgedacht und hielt es irgendwie auch für verfrüht. Dennoch. Die Gefahren in einem Camp mitten im Busch waren ja nun nicht zu unterschätzen. Ich beschloss, ein Testament zu machen. Leichter gedacht als getan. Den Gedanken an meinen eigenen Tod hatte ich bisher nie Raum gegeben. Denn der Tod war das Ende, und das erschien mir endlos weit weg. In Afrika sollte ich lernen, dass der Tod Teil des täglichen Lebens ist und jederzeit passieren kann, meist ohne Vorankündigung.

Wie setzt man ein Testament auf? Haben Sie sich schon einmal die Frage nach dem »Danach« gestellt? Und sich gefragt: Was hinterlässt man? Und für wen?

Mir fiel es schwer, mit einem Thema umzugehen, was in unserem hektischen, aktiven Leben so gar keinen Platz hat. Heute weiß ich, dass es wichtig ist, sich irgendwann in seinem Leben Fragen nach Krankheit und Tod zu stellen. Und das möglichst nicht erst kurz vor der Rente. Denn diese Fragen bringen uns weiter. Sie machen uns deutlich, wo wir stehen und was wir in finanzieller, aber auch in menschlicher Hinsicht bisher erreicht haben. Die Beschäftigung mit unserem möglichen Tod wirft ein Schlaglicht auf das, was uns wichtig ist, und macht auch bewusst, dass das Leben eben das ist, was es ist: ein Weg, der irgendwann endet. Diese Überlegungen eröffneten bei mir neue Horizonte und beschäftigten mich oft bis in meinen Schlaf hinein. Eine Lösung war schwer, aber schließlich reiste ich zu einem Lieblingsort meiner Jugend in Deutschland, dem bayerischen Ammersee, und verfasste dort auf einem Holzsteg mein erstes Testament. Interessant war, dass ich mir auch dazu einen Ort inmitten von Natur ausgesucht hatte.

Als ich es schließlich geschrieben hatte, war ich überrascht, dass es mir eine innere Ruhe und Klarheit gab, die ich vorher nicht gekannt hatte. Immerhin wusste ich nun, wer von dem, was ich in meinem bisherigen Leben angesammelt hatte, »profitierte«. Ich hatte im Gegensatz zu sonst einmal nicht nur an das nächste Ziel vor mir gedacht, sondern hatte zum ersten Mal Bilanz gezogen aus dem, was hinter mir lag. Und so hatte ich später bei der Abreise aus Bayern das Gefühl, ich hätte dazugelernt, und dabei hatte die Reise noch nicht einmal begonnen.

Der letzte Teil der Reisevorbereitungen fiel mir leicht, denn es ging ums Einkaufen, wenn auch nicht in schicken Boutiquen, sondern bei Outdoor-Herstellern. Und da mein letztes Camping-Experiment mehr als zwanzig Jahre her war, konnte ich nicht behaupten, dass ich mich da wirklich auskannte. Die Ausbilder hatten alle Ausstattungsgegenstände aufgeführt, die im Zelt und im Busch gebraucht wurden und mitzubringen waren: Rucksäcke, Moskitospray, Verbandszeug, Kamera-Equipment, Fernglas, Taschenlampen und vieles andere. Auf der Liste standen auch Handschuhe und Mütze, unerwartete, aber für den afrikanischen Winter nicht unübliche Artikel. Erinnerungen an meine Kindheit wurden plötzlich wieder wach. Rabenschwarze kalte, aber sternenüberflutete Nächte und bruthieße Tagesstunden mit um die dreißig Grad Celsius im August, dem südafrikanischen Winter.

Bei meiner Outdoor-Shopping-Erfahrung in einem der wunderbaren Megastores, in dem auf jedem Stockwerk eine andere Sportart zu finden ist, stellte ich schnell fest, dass trotz des großen Angebots der Kern immer der gleiche war, nur die Marke unterschiedlich. Die Marken selber sagten mir aber nicht viel, ich war ja weder begeisterte Bergsteigerin noch Camperin. Aber eines war mir schnell klar: Gut aussehen beim Trecking war anscheinend nicht oberste Priorität, und Farbe war verpönt. So lautete auch die Anweisung im Info-Paket: Kleidung bitte in Beige oder Oliv mitbringen. Ich war wenig begeistert und musste bei der Vorstellung an lauter olivgrüne Möchtegern-Ranger mit Klappmessern und Kompass am Gürtel lächeln. Dort wären die Farb- und Stilberater, die die Damen in den Industrienationen mit einem Farbfächer ausgestattet nach Jahreszeiten beraten, wohl arbeitslos. Im Busch waren alle Herbsttypen. Andererseits hat ja schließlich jede Berufsgruppe ihre Uniform. Vom Manager bis zum Müllmann. Mein Problem war nur, ich war ja noch kein Ranger und fühlte mich mehr als merkwürdig, als ich, wennschon, dennschon, einen Rieseneinkaufswagen mit Schlafsack, Wasserflasche, Kompass, etlichen beigefarbenen Socken, T-Shirts, Polohemden, Bermudas und langen Hosen mit abnehmbaren Hosenbeinen zum Auto schleppte. War ich jetzt gerüstet?

Als sich der Zeitpunkt des Abflugs näherte, stieg die Zahl der Bedenkenträger in meinem Umfeld, deren ein oder anderes Argument auf durchaus fruchtbaren Boden bei mir fiel. Aber da ich seit jeher eine berufsbedingte Abneigung gegen Bedenkenträger hegte, war ich gewappnet. Dennoch. Viele Fragen waren durchaus valide: Wie komme ich bei Krankheit zurück aus dem Busch? Wie überstehe ich Wochen ohne telefonische Erreichbarkeit, wenig Strom und kaum Zivilisationsannehmlichkeiten? Was macht meine Firma ohne mich? Kann ich mich von meiner Arbeit überhaupt gedanklich entfernen? Zudem hatte ich eigene Fragen: Wie sehr wird mir meine Familie fehlen? Wie sehr meine Mitarbeiter und Kollegen? Meine Freunde? Meine Kunden? Wie sehr werde ich umgekehrt denen fehlen? Wird das alles gut gehen oder renne ich hier einem Spleen hinterher? Die Zeit des Selbstzweifels hatte mehr und mehr begonnen, und meine erste Lektion kündigte sich an: die Kunst des Loslassens. Des Kontrolle-Abgebens. Die beherrschte mein Managerkopf aber noch so gar nicht.

Das Abenteuer Afrika beginnt

Es ist kurz nach sechs im Flugzeug. Ich bin gerade aufgewacht und blicke in einen wunderbaren Sonnenaufgang über den Wolken. Dabei denke ich an die letzten Tage im Büro und zu Hause zurück. Fast unwirklich erscheint mir die Hektik der letzten Tage hier oben, in majestätischer Ruhe über den Wolken. Und auf einmal kommen mir die Tränen. Aber es sind keine Tränen des Abschieds. Es sind Tränen der Erleichterung. Das erschreckt mich allerdings auch. Es fühlt sich an, als ob mit jedem Meter Richtung Südafrika der Ballast meines Alltags weniger wird. Ich lehne mich zurück, schließe die Augen und bin sprachlos, dass sich auf meinem Weg in etwas höchst Ungewisses die Gewissheit einstellt, wie sehr mich mein derzeitiges Leben, vor allem mein beruflicher Alltag belastet. Ich spüre geradezu körperlich, wie viel Energie mich die letzten Jahre gekostet haben und wie leer meine Batterien eigentlich sind. Auf einen Schlag konnte ich plötzlich nachvollziehen, was einst Caroline Casey durchgemacht hatte, obwohl mein Leben gewiss nicht mit dem ihren zu vergleichen war.

Die Gedanken werden unangenehm, und ich beschließe, später noch einmal über das Warum und Wieso, vor allem aber über mögliche Auswege aus dem Hamsterrad nachzudenken. Jeder ist seines Glückes Schmied, so lautet doch eine alte Weisheit. Ich bin unsagbar froh, dass ich ebendieses Glück mit meiner Afrika-Entscheidung noch einmal neu in die Hand genommen habe. Sie hat viel mit meiner Vergangenheit zu tun, ganz im Gegensatz zu meinen sonstigen Entscheidungen, die mehr die Zukunft im Blick haben. Es ging hierbei auch nicht um Kerstin Plehwe, die vielbeschäftigte Unternehmerin, sondern um ein Zugeständnis, ein gefühltes Geschenk an die ganz private Person Kerstin (weshalb ich auch lange gezögert habe, dieses Buch zu schreiben). Und für diese private Person hatte ich mit meiner Afrika-Entscheidung seit vielen Jahren zum ersten Mal wieder etwas wirklich Wichtiges getan. Und während ich aus dem kleinen Flugzeugfenster in das Morgenrot blicke, habe ich keine Ahnung, was in den nächsten Wochen auf mich zukommt, aber bin jetzt schon froh, dass ich mich auf den Weg gemacht habe.

Die Ankunft in Johannesburg ist typisch afrikanisch. Wuselig, freundlich, lächelnd, lebendig. Bevor ich mit einem Taxi in die nahe gelegene und von den Ausbildern angegebene Unterkunft fahre, gönne ich mir erst einmal einen Kaffee. Wer weiß, wann es wieder einen gibt. Und auch wenn mich dieser, auf einem Hocker in einem der typischen Flughafen-Coffee-Shops eingenommen, als echter Starbucks-Fan nicht begeistert, so mobilisiert er doch die Kräfte nach dem langen Flug. Den Nachmittag will ich noch für einen Ausflug nach Pretoria nutzen, dem

Wohnort meiner Kindheit, und habe nicht vor, den Rest des Tages in der angekündigten »einfachen Unterkunft« in der Nähe des Flughafens zu verbringen. Es reicht, dass ich nachts da sein muss, denn am nächsten Morgen startet von dort der Shuttle zum Camp schon um fünf. Sechseinhalb Stunden später sollen wir es angeblich erreichen. Es liegt im westlichen Bereich des Krügerparks. Der nächste Ort vom Camp aus gesehen ist Hoedspruit. Diesen erreicht man nach einer guten Stunde Fahrt durch den Busch. Wenn man denn ein Auto hat. Und ich als angehende Rangerin hatte natürlich keines für den langen Zeitraum gemietet. Wofür auch? Im Reservat waren außer den Jeeps der Ranger keine regulären Wagen erlaubt. Und sicher hätten sie auf den Schotter- und Schlaglochpisten nicht lange durchgehalten. Insofern hatte ich mich gegen ein Auto entschieden, was – zugegebenermaßen – allerdings höchstes Unbehagen meinerseits im Vorfeld auslöste. Denn ohne Auto, das war mir klar, war ich auf Gedeih und Verderb dem Was-auch-immer-dort ausgeliefert. Was aber, wenn ich weg wollte?

Ich konnte ja schlecht zu Fuß durch das Reservat laufen. Mal abgesehen von der langen Strecke, die ich dann hätte bewältigen müssen. Neben Löwen, Hyänen und Leoparden gab es dort etliches, dem ich nicht alleine begegnen wollte. Ich musste also die Gegebenheiten akzeptieren und darauf vertrauen – ähnlich wie Kinder, die völlig angstfrei einen Abhang auf Skier herunterfahren –, dass nicht nur alles gut würde, sondern auch, falls es wirklich nicht gut war, mir jemand helfen würde, dort raus und zurück unter Menschen zu kommen.

Vertrauen ist aber eine Währung, in der in meiner beruflichen Welt nicht oft bezahlt wird. Nach dem Motto:

Der gute Manager bleibt immer skeptisch und »*in control*«. Nun ja. Willkommen in der Welt des Buschs. Einer Welt mit eigenen Regeln und Währungen. Und mit deutlich weniger Kontrolle, als ich mir das wünschte. Ich sollte diese Welt bald kennenlernen.

Die fast sechsstündige Fahrt zum Camp durch die wunderschöne Landschaft der Transvaal-Drakensberge, durch bunte Dörfer mit Frauen und Kindern am Wegesrand, meist winkend oder große Behältnisse auf dem Kopf transportierend, vergeht wie im Flug. Seit meiner Ankunft in Johannesburg habe ich meinen Blackberry noch öfter in der Hand als sonst, habe ein ängstliches Auge auf den Empfangsbalken. Schließlich hieß es doch in den Beschreibungen zum Camp, der letzte Funkmast wäre etliche Kilometer entfernt und Telefonempfang könne nicht regelmäßig garantiert werden. Also blicke ich, ein bisschen wie Hase und Schlange, immer wieder auf mein Display, in ängstlicher Erwartung eines sterbenden Signals. Kurz vor den Toren des Camps ist es dann so weit. Aber ich bin vorbereitet. Eine Abschieds-SMS an meine Familie liegt absendebereit im Ausgangskorb, und ich kann die Taste noch rechtzeitig drücken. Dann ist Ruhe auf meinem Display, wohl für die nächsten fünf Wochen meines Abenteuers, und ich blicke auf ein hohes Metalltor, nach oben begrenzt von Stacheldraht. Nicht gerade einladend. Aber ich bin zu sehr mit meinen eigenen Gefühlen beschäftigt, als mir um die Sicherung des Camps Gedanken zu machen.

Seitdem mein Blackberry aus ist, fühle ich mich abgenabelt von dem Rest meiner Welt, und alle Befürchtungen, die ich im Vorfeld der Reise hatte, werden in Windeseile ganz nach oben gespült. Und tatsächlich, eine der großen Ängste von mir im Vorfeld war das Bewusstsein gewesen, nicht erreichbar zu sein. Verrückt. Man sollte meinen, die Angst vor den Prüfungen, den wilden Tieren oder Ähnliches hätten mich beschäftigt. Nein. Das größte Unwohlsein empfand ich bei der Vorstellung, meinen siamesischen Zwilling, meinen Blackberry, nicht nutzen zu können. Denn mein Blackberry war es, der seit Jahren meine ganzen Tage regelte. Er war mein Gedächtnis und mein steter Begleiter, meine Verbindung zur Familie in späten Stunden im Konferenzhotel, mein verschwiegener Bote bei Liebes-SMS, mein Tagesablaufplaner, mein Hauptkommunikationsinstrument. Er hat sogar einen Namen. Er heißt Ben. Nun schweigt Ben, und das ist unheimlich. Aber ebendies war der nächste und zweite Schritt zum Loslassen. Den dritten hatte ich noch nicht gemacht. Aber in den Augen des Rangers, der die anderen und mich am Tor abholt, sehe ich das Erstaunen ob der Gepäckmenge, die ich mitbringe. Von Loslassen keine Spur.

Ich glaube, der Standard-Ranger-Schüler kommt mit einem einzigen Rucksack an, mit maximal flugzeuggerechten zwanzig Kilo. Ich, fleißige Vielfliegerin und Möchtegern-Ranger, bin mit zwei mal zwanzig Kilo dabei: ein Koffer, eine große Tasche, eine Handtasche und Handgepäck auf Rollen. Ich muss allerdings zu meiner Verteidigung sagen: Beim Packen in Deutschland kam es mir auch viel vor, nur ich wusste beim besten Willen nicht, was ich hätte weglassen können. Ich musste doch vorbereitet sein.

Auf möglichst viele Eventualitäten vorbereitet zu sein war in meinem Beruf Alltag, und was mein Gepäck anbelangte: Ich war vorbereitet. Und schließlich füllten allein die Artikel auf der Liste der Ausbilder schon einen ganzen Koffer. In der Tasche und dem Rollkoffer waren Kleidung für etliche Wochen, Waschzeug, Medikamente und Notfall-Essen wie Traubenzucker, Trockensalami, Süßigkeiten etc. (Okay, vielleicht hätte ich darauf verzichten sollen, aber die Vorstellung, nicht nur ohne meine Familie und meinen Beruf, sondern auch ohne meine geliebten Gummibärchen sein zu müssen, war mir zu viel gewesen.) Dem amüsierten Zwinkern des Abholers entgegne ich: »Damen reisen eben mit größerem Gepäck.« Da wusste ich noch nicht, dass ich die einzige Frau im Camp sein würde.

Aber John, so stellt er sich vor, noch keine dreißig, mittelgroß, mittelblond, hievt alles brav auf die Ladefläche des Jeeps, und los geht die Fahrt immer tiefer in den Busch hinein. Ich weiß immer noch nicht, was ich erwarten soll, aber nachdem nun mein Blackberry aus ist, kann ich auch beide Augen auf die traumhafte Natur um uns herum richten. Wir fahren eine steinige Schotterstraße, dicht gesäumt von hohen Bäumen und dichten, teils sehr dornigen Büschen. Ich lehne mich etwas zurück, was auf der steinigen Straße nicht leicht ist, und genieße die Fahrt, die fremden würzig-milden Gerüche und den leichten weichen Wind Afrikas. Eine Viertelstunde später erreichen wir das Camp. Mein Abhol-Ranger John lädt mein Gepäck ab, an Ort und Stelle, ohne sich weiter darum zu kümmern oder mir das Camp zu zeigen, und verschwindet mit den Worten: »Wir sehen uns gleich am Lagerfeuer.« Ach ja, Lagerfeuer statt Meetingpoint. Eigentlich klar. Auch klar, dass es sich hier nicht um eine touristische Veranstaltung mit Service handelt. Hier ist jeder zunächst einmal auf sich gestellt. Keine Mitarbeiter, keine Privilegien. Die Tische zum Essen müssen selbst gedeckt, das Zelt für die kommende Zeit eigenständig gesucht werden. Man kann fast froh sein, dass man überhaupt abgeholt und das Gepäck abgeladen wird. Willkommen in einer neuen Welt. Ich muss lächeln.

Das Lagerfeuer finde ich gleich, das Camp selbst ist, wie ich nach meiner Erkundungstour feststelle, nicht groß. Ich schätze es auf zehn, fünfzehn Zelte, die der Reihe nach oberhalb eines kleinen Flusslaufs stehen. Jedes Zelt ist in den dichten Busch hineingeschlagen und hat so seinen kleinen eigenen privaten Bereich inklusive Mini-Wäscheleine und Campingstuhl. Zudem entdecke ich zwei Waschräume – einen für die Männer, einen anderen für die Frauen –, eine Hütte, die als Küche genutzt wird, und eine, die als »Klassenzimmer« und Essraum dienen soll. Küche und Klassenzimmer liegen zwischen dem jeweiligen Männer- und Frauenzeltbereich. Etwas abseits liegt noch eine Unterkunft für die zwei Ranger, die uns die nächsten Wochen begleiten werden. Die Hütten sehen mit ihren tief gezogenen Strohdächern und dunkelbraunen Lehmwänden typisch afrikanisch aus. In ihnen sind elektrische Deckenlampen montiert, der Rest des Camps ist mit Petroleumlampen, die auf Holzpfählen installiert sind, ausgestattet.

Ich erinnere mich, dass es in den Info-Blättern hieß, ein Generator würde einige Stunden am Tag für Strom sorgen, dennoch entdecke ich keine Steckdosen, und für Steckdosen habe ich ein gutes Auge. Glauben Sie mir, nach mehr als zwanzig Jahren in Restaurants, Airport-Lounges und Konferenzräumen habe ich einen fast angeborenen Blick für das Existieren von Steckdosen und

Abzapfen von Strom für Ben und meinen zweiten Dauerbegleiter, einen Laptop. Aber hier entdeckt mein geschulter Blick keine Steckdosen. Ich bin ob der großen digitalen Kameraausrüstung in meinem Gepäck – als leidenschaftliche Fotografin ein Muss – wenig begeistert.

Rund um das Lagerfeuer stehen acht olivgrüne Campingstühle, fünf davon sind besetzt. Augen aus meist jungenhaften Gesichtern blicken mich da gespannt an. Eine allgemeine Vorstellungsrunde findet nun statt. John kenne ich ja, neben ihm sitzt Dean, der Chef-Ranger, in den Vierzigern, relativ klein, gepflegt, dunkelhaarig mit beginnenden Geheimratsecken. Dann sind da noch drei Jungs: Daniel, Wilhelm und Samuel. Ich schätze sie auf Anfang bis Mitte zwanzig. Ist das etwa meine Ranger-Klasse? Ich fühle mich ein bisschen wie im Jugendcamp, nur dass hier am Feuer das Rauchen erlaubt ist. Wilhelm sieht aus wie der typische Sohn, der gegen seine Eltern rebelliert (was auch in der Realität zutraf, wie ich später erfuhr). Ein wenig verlottert, auf dem Kopf eine tief ins Gesicht und über die Ohren gezogene Mütze. Großen Wert auf Äußerlichkeiten scheint er nicht zu legen, stelle ich fest, wahrscheinlich wäre das uncool. In der Hand hat er eine Zigarette, obwohl das mit wenigen Ausnahmen natürlich im Busch wegen der Brandgefahr streng verboten ist. Aber Wilhelm, dem Junior-Revoluzzer, scheint das wenig zu interessieren. Daniel daneben kommt mir wie das Gegenteil von Wilhelm vor, ein Beauty-Boy in lässigen Klamotten, groß, schlank und wirklich gut aussehend, noch dazu um sein Aussehen wissend. Er ist sicherlich zu Hause viel gefragt und braucht sich um die Akzeptanz bei Damen keine Sorgen zu machen. Samuel, der dritte im Bunde, den alle nur Sammy nennen, ist wieder ganz anders: blässlich, sehr nett, hilfsbereit, strebsam, brav. Einer, der niemals gegen seinen Vater aufbegehren würde.

Schließlich, nach einem erneuten Blick in die Runde, stelle ich fest: Ich bin nicht nur die Älteste, ich bin auch mal wieder die einzige Frau. Na toll. Heißt aber auch, ich habe ein Zelt für mich alleine, denn ansonsten werden zwei Personen pro Geschlecht und Zelt eingeteilt, so stand es in den Camp-Beschreibungen des Info-Pakets. Dass ich eine Frau bin, interessiert aber keinen, ist an sich keine Sache, so kommt es mir jedenfalls vor. Vielleicht will man sich in seiner jugendlichen Coolness aber auch einfach nichts anmerken lassen.

Ich frage, ob noch mehr Schüler und Schülerinnen erwartet werden, aber keiner weiß etwas. Wilhelm, eindeutig der Coolste des jugendlichen Trios, zieht mit unbeteiligter Miene und seiner tief über die Ohren gezogenen Surfer-Mütze an seiner Zigarette und fragt mich: »Woher kommst du?« Als ich antworte: »Aus Deutschland«, ist er jetzt sichtlich beeindruckt und inhaliert den Rauch seiner Zigarette noch tiefer. Die nächste Frage steht ihm ins Gesicht geschrieben, aber auch Samuel und Dean blicken mich interessiert an. Also sage ich: »Auch manche Deutsche wollen Ranger werden.« Und füge an: »Woher kommt ihr?«

Ich erfahre, dass Daniel und Sammy aus Kapstadt stammen und dort studieren, während Wilhelm in Pretoria bei seinem Vater lebt. Der hat ihn auch mit dem Wagen gebracht, und er scheint froh zu sein, dass er bereits wieder heimgefahren ist. Mittlerweile ist es später Nachmittag, und wir unterhalten uns ein bisschen über das Camp und was wohl auf uns zukommt, aber eine wirkliche Ahnung hat keiner von uns.

Bis zum Abend bleiben wir in dieser Fünferkonstellation, und das soll sich auch die nächsten Wochen nicht ändern. Wir hören, wir wären die kleinste Gruppe des Jahres. Ob das gut oder schlecht ist, erschließt sich mir zu diesem Zeitpunkt noch nicht. Aber als ich schließlich nach einem Abendessen, bei dem Fleisch auf einen Grill geworfen wurde, todmüde in meinem Zelt liege, ist mir das sehr egal. Tatsächlich habe ich ein eigenes Zelt, und auch die drei Jungs können jeweils eins allein bewohnen. In Deutschland war es für mich ein großes Thema gewesen: Wenn ich schon fünf Wochen lang mit einer anderen Frau ein Zelt teilen soll, wer würde das sein? Würde sie stinken? Schnarchen? Oder sonstige Laute von sich geben? Ich hatte einen extrem leichten Schlaf, war auch in Berlin beim kleinsten Geräusch sofort wach, und insofern war ich da empfindlich. Aber da es keine zweite Frau im Camp gibt, ist dieses Problem geklärt. (Überhaupt stellt sich im Lauf der Wochen heraus, dass alle Sorgen, die ich mir vorher gemacht hatte, völlig unnötig gewesen waren; eher wurden Dinge wichtig, über die ich mir nicht die geringsten Gedanken gemacht habe, Dinge wie das Lernpensum auf Englisch zum Beispiel, mit den vielen wissenschaftlichen Fachausdrücken.) So kann ich, was ich viel spannender finde, den Geräuschen der Nacht außerhalb meines Zeltes lauschen. Keines, außer dem zirpenden Dauergesang der Grillen, kann ich identifizieren. Und noch während ich es mit Erinnerungen an die Biologiestunden in der Schule versuche, schlafe ich traumlos und ohne jede Vorwarnung ein.

Mein erster Tag im Busch

Der erste Tag beginnt früh, noch früher, als Ben, mein treuer Blackberry ohne Funksignal, seinen für 5.30 Uhr programmierten Weckruf absetzen kann. Ich werde wach, weil draußen vor meinem Zelt ein plötzlicher, ein mehrstimmiger, sich bis zu schrillem Schreien steigernder Vogellärm einsetzt, der sich ebenso anhört, als ob einem Huhn bei lebendigem Leib Federn entfernt würden. Ich fasse es nicht. Was kann das für ein Vogel sein? Bei genauerem Hinhören nehme ich neben dem deutlich leiseren Zirpen verschiedener, vermutlich kleiner Vögel zwei ähnliche Stimmen wahr, die sich anscheinend einen Wettstreit im stakkatoähnlichen Kreischen liefern. Später lerne ich, dass dies sogenannte Bodenvögel sind und ihr englischer Name *Crested Francolin* ist, der deutsche Schopffrankolin. Unsere beiden Ranger nennen ihn den Herzinfarktvogel, nicht nur, weil er mit Sonnenaufgang einen Höllenlärm macht. Während der späteren Rucksacktouren zu Fuß, wo es auf jedes Geräusch ankommt, springen sie wie aus dem Nichts laut zeternd und mit den kurzen Flügeln schlagend unter niedrigen Büschen hervor und ergreifen in Zickzackbögen und unter Riesengetöse die Flucht vor den Menschen. Aber wie gesagt, das alles lerne ich erst Wochen später.

In meinem Zelt ist es kalt, und obwohl ich in Deutschland ein überzeugter Frühaufsteher bin, fällt es mir hier bei fünf Grad Celsius schwer, meinen neuen Thermoschlafsack zu verlassen. Anderseits beschleunigt es den Prozess des Anziehens im ohnehin kleinen Zelt, und ich bin froh, als ich den Reißverschluss öffnen und in eine zwar kühle, aber vollkommen saubere und klare Luft treten kann. Mit meiner Taschenlampe leuchte ich in den noch dämmernden Morgen so, wie es uns am Abend vorher erklärt worden war. Immer erst in die Bäume (denn dort könnten Raubtiere sitzen, etwa Leoparden), dann auf den Boden und die Büsche rechts und links von mir. Ebenso wie gestern Abend auf meinem Weg vom Lagerfeuer ins Zelt habe ich wenig Angst vor den angeblichen Tieren im Camp, was mich etwas erstaunt. Das sollte sich aber noch ändern.

Die morgendliche Dusche lasse ich angesichts des Funzellichts der Petroleumlampe in meinem »Luxus-Damenwaschraum« mit Betonboden und Wänden aus Ästen ausfallen. Man muss sein Glück ja nicht überstrapazieren. Stattdessen: Kurzwäsche und ab Richtung Küchenhütte, wo es angeblich Kaffee und kleine Snacks geben soll. Das angepriesene Mini-Frühstück ist allerdings enttäuschend, und ich versuche mir nichts anmerken zu lassen. Dünner Bohnenkaffee aus leicht verschmutzten Metallbechern, Cornflakes und Bananen, die in Deutschland definitiv nicht mehr verkauft würden, aber zum Verzehr gerade noch geeignet sind. Willkommen im Busch, sage ich mir. Du wolltest es so. Also beschwer dich nicht.

Ich mache also gute Miene, vor allem den verschlafenen Jungs gegenüber, die nun langsam in die Hütte trotten (sie scheinen definitiv keine Frühaufsteher zu sein). Während ich ihre langsamen Bewegungen beobachte, schlürfe ich dünnen Kaffee und warte gespannt auf die Ankunft von John, der mit uns frühstücken will, und unsere erste Tour in den Busch, die um sechs per Jeep beginnen soll. Gesprochen wird kaum ein Wort, wie überhaupt in den nächsten Wochen wenig geredet wird (mal abgesehen von fachlichen Erklärungen zu Baum, Strauch und Tier).

Schließlich sitzen wir alle dick eingemummt und mit unseren gut verstauten Rucksäcken (meiner ist der größte) im offenen Jeep. Augenblicklich ist alle Enttäuschung vom Frühstück verflogen. Jeder von uns ist aufgeregt, daran zu merken, dass keiner mehr verschlafen wirkt, sondern hellwach in die Gegend schaut. Wir freuen uns auf das, was vor uns liegt. Welches Tier werden wir wohl zuerst zu Gesicht bekommen? John erklärt uns noch, dass für einen Ranger alle Tiere gleich wichtig sein müssen, eine Spinne so viel Wertigkeit hat wie ein Löwe. Nein. Still schüttele ich den Kopf. Ich habe klar meine Favoriten. Natürlich kann ich mich auch für eine Hyäne oder einen Büffel begeistern, aber die auf eine Ebene zu stellen mit haarigen Ekelspinnen und irgendwelchen hässlichen Mistkäfern? Das kommt nicht infrage. Leise Zweifel beschleichen mich, ob ich mit dieser Einstellung überhaupt eine gute Rangerin werden kann, schiebe sie aber sofort beiseite. Es ist doch Tag eins im Busch! Wir sollen unsere ersten Eindrücke sammeln.

Ich blicke in eine gerade erwachende Natur, spüre den kalten Fahrtwind und rieche den unbeschreiblich würzigen Duft der südafrikanischen Savanne. Angestrengt spähe ich in die dichten Büsche und das relativ hohe Gras der Savanne. Es hat lange nicht geregnet, und entsprechend braun ist es. Irgendwo dort, zwischen den tief gewachsenen Bäumen, den rotbraunen Termitenhügeln und den ab und zu durchschimmernden Granithügeln im Hintergrund, dort müssen die von uns herbeigesehnten Tiere sein.

Als ich jedoch die ersten entdecke, eine kleine Gruppe Impalas, eine Antilopenart, und sie hocherfreut fotografieren möchte, fährt unser Ranger nach einem Mini-Stopp, der nicht einmal für ein einziges Foto reicht, glatt weiter und sagt: »Davon sehen wir heute noch so viele, lasst uns lieber nach Nashörnern sehen. Ich habe frische Spuren eines weißen Rhinozeros im Sand gesehen. Ich glaube, es hat ein Kleines dabei.« Ein gutes Argument für mich. Ich packe die Kamera wieder ein, die ich im Grunde gar nicht ausgepackt habe. Zugleich lerne ich, immer zuerst die frischen Spuren zu verfolgen, so ist die Möglichkeit am größten, Tiere zu entdecken und sie auch Gästen zu präsentieren. Frische Spuren um das Camp werden im Laufe der nächsten Wochen auch oft der Grund sein, den Tag mit einem Fußmarsch anzufangen und nicht mit einer Jeep-Tour.

Wir fahren ungefähr eine knappe Stunde, immer wieder unterbrochen von kurzen Halts, in denen John den Jeep verlässt und auf dem steinigen Weg nach Spuren des Rhinos sucht. Wir dürfen das Auto nicht verlassen, aber blicken gespannt auf den Boden, in dem er immer wieder etwas Spurähnliches entdeckt und es uns zeigt. Ich bin mir nicht sicher, ob Sammy, Wilhelm und Daniel wirklich etwas sehen oder nicht. Ich auf jeden Fall sehe nichts, außer Steinen, Sand und einem undefinierbarem Vielleicht-Abdruck von etwas, was ebenso ein großer Froschfuß hätte sein können. Aber John ist überzeugt: »Es ist in der Nähe. Der Abdruck ist frisch. Und es ist eine Mutter mit einem Kalb. Alles aussteigen!«

Wir gehen zu Fuß weiter, verlassen die schützenden Wände des Jeeps. Oha! Jetzt wird es ernst. Erstaunlich, wie eine Blechwand und ein etwas erhöhter Sitz Sicherheit geben können. John gibt uns zunächst sehr klare Anweisungen und Warnungen, wie wir uns nun zu Fuß zu verhalten haben: Ich muss mich zwingen zuzuhören, so gierig bin ich auf den Blick auf die Nashornmutter und ihr Kleines. Im Gänsemarsch stiefeln wir hintereinander durch das kniehohe Gras, immer wieder uns duckend, stehen bleibend und auf Johns Zeichen achtend. Ich gehe direkt hinter ihm, und während ich auf das Gewehr in seiner Hand blicke und versuche, meine Füße so zu setzen, dass sie möglichst wenig Geräusche machen, wird mir klar, wo ich hier bin. Mitten in einer gigantisch schönen, aber auch eben gefährlichen Natur. Der Frieden des Morgens ist nur eine Täuschung. Im Busch sind immer irgendwo Angreifer. Der einzige Schutz, den wir haben, sind dieser junge Mann vor uns und seine Waffe. Keine Fensterscheibe, kein Zoogitter, nicht einmal das Metallgehäuse eines Jeeps, das uns umgibt.

John hebt die Hand, das heißt stehen bleiben und nicht bewegen. Ich atme die immer wärmer werdende Luft tief ein. Was ist los? Er sieht etwas ungefähr fünfzig Meter voraus. Vielleicht das Rhinozeros? Konzentriert spähe ich in die Richtung und lausche auf die vielen Geräusche um uns herum, kann aber außer Bäumen, Büschen und Gras nichts erkennen. Ich spüre nur den eigenen Herzschlag und die Spannung auch von den Jungs hinter mir.

John geht in die Hocke, und wir alle tun es ihm nach. So ist es abgemacht gewesen. Und während wir da hocken und mich die trockenen Gräser an den Waden kitzeln, sehe ich es: zunächst nur das vordere Horn. Aber dann: der graue Rücken, die Seite, der runde Po mit wackelndem Mini-Schwanz. Ein Nashorn, und es bewegt sich seitwärts durch das Gras. Ich wage kaum zu atmen und kann ausmachen, wie sich seine Ohren stetig bewegen.

»Kann es uns etwa hören?«, flüstere ich John zu.

»Ja klar«, ist seine Antwort.

Das habe ich nicht gewusst. Ich denke an die wenigen Nashorn-Fakten, die ich bisher kenne. Gewicht gut 1500 Kilo, Grasfresser. Sind Nashörner angriffslustig, insbesondere, wenn sie Kleine haben? Wieder kann ich meine Frage nicht beantworten, aber ich vermute es. John allerdings scheint ganz entspannt zu sein. Und da ich hoffe, dass er eine Ahnung von dem hat, was er tut, beschließe ich, mich auch etwas zu entspannen und der Richtung seiner ausgestreckten Hand mit den Augen zu folgen.

Da, kurz vor der Mutter, da steht es, zwischen hoch gewachsenem dünnem hellbraunem Gras, das sich im leichten Wind wiegt: das Baby-Nashorn. Vergessen ist in diesem Moment alle Angst. Ich sehe nur diese beiden wunderschönen Wesen im immer noch sanften Licht des frühen Vormittags. In perfekter Harmonie stehen sie nah beieinander und grasen. Später lerne ich, dass die Kälber des sogenannten Weißen Rhinozeros stets vor der Mutter laufen. Beim vom Aussterben bedrohten Schwarzen Rhinozeros ist es umgekehrt. Ach ja, und ich lerne, dass Nashörner bei Angriffen bis zu vierzig Stundenkilometer schnell sind. Aber das weiß ich in diesem Moment noch nicht. Auch nicht, wie sehr ihre Populationen unter brutalen Wilderern zu leiden haben – und das nur wegen des Irrglaubens vieler Asiaten, dass das Nashornhorn sie und ihre Potenz stärken würde.

Durch mein Fernglas sehe ich den Kopf und das seitliche Auge der Mutter ganz dicht. Vor Schreck lasse ich mein Fernglas fast fallen. Denn das dunkle Auge der Mutter ist genau auf uns gerichtet. Sehr aufmerksam blickt es mir durch mein Fernglas entgegen. Die Mutter ist wachsam, aber nicht beunruhigt. Ja, sie hat uns tatsächlich schon längst wahrgenommen. Nashörner sehen zwar relativ schlecht, haben aber ein exzellentes Gehör und einen perfekten Geruchssinn. Nach guten zehn Minuten des weiteren Grasens und steten Ohrendrehens ziehen Mutter und Kalb weiter, verschwinden im tieferen Busch und lassen uns spüren, wie sehr die Sonne schon an Kraft gewonnen hat. Es wird schnell heiß, und wir beschließen, ins Camp zurückzufahren, wo diesmal ein echtes Frühstück auf uns warten soll. Mal abwarten, spricht der Manager in meinem Kopf. Mein Bauch schöpft Hoffnung, denn der hat nach der Mini-Banane und dem dünnen Kaffee mit mitgebrachtem Süßstoff richtig Hunger.

Als wir im Camp ankommen und wir den Frühstückstisch nach Instruktionen von John und Sandy, der farbigen Köchin, gedeckt haben, bin ich beruhigt und mein Magen erfreut. Es gibt Eier (etwas fettig, da auf dem Gasbrenner in einer Pfanne in Öl gekocht), Joghurt, Toast, Schinken und mehr Obst. Nicht schlecht. Etwas peinlich ist es mir allerdings, mein mitgebrachtes Ketchup auf den Tisch zu stellen. Am liebsten hätte ich es deswegen nach der Benutzung sofort verschwinden lassen. Aber das hinterlässt in einem kleinen Team schnell den falschen Eindruck. Privatbesitz ist an einem Ort wie dem Camp nur in wenigen Ausnahmen angesagt. Und Nahrungsmittel sind keine Ausnahme. Also stelle ich das Ketchup in die Mitte des Tischs und ernte erstaunte bis leicht amüsierte Blicke über die merkwürdige deutsche Frau. »Was, du hast Ketchup mitgebracht?« »Ja, ihr etwa nicht?«, antwortete ich und genieße meine Spiegeleier mit Ketchup. Darauf wollte ich auch im Busch auf keinen Fall verzichten. Im Geiste danke ich dem Fassungsvermögen meiner Koffer und frage mich, was das mit dem Ketchup über mich, die Managerin, aussagt? Es zeigt mein typisches Verhaltensmuster: *be prepared*. Ich wollte immer vorbereitet sein. So hatte ich mir vor der Abreise ins Camp überlegt, dass es im Busch wohl kaum Ketchup geben wird. Und schon gar nicht meine Lieblingsmarke. Deswegen hatte ich es eingepackt. Bevor ich mit meinen Eltern in Südafrika lebte, kannte ich überhaupt kein Ketchup. Dort aber standen in jedem Restaurant Flaschen mit Heinz Tomatenketchup auf den Tischen, und mein Bruder und ich wurden zu wahren Fans von diesem Zeug. Auf Brot und Butter, an jedes Ei knallten wir Heinz Tomatenketchup – nicht unbedingt zur Freude unserer Eltern. Als wir wieder in Deutschland waren, musste meine Mutter es unbedingt für uns besorgen, und noch heute esse ich mein Rührei oder meine Spiegeleier nicht ohne dieses amerikanische Produkt. Dennoch, in diesem Augenblick war mir dieses markenbewusste Verhalten doch etwas peinlich, und auch Sandy, unsere Köchin, blickt erstaunt, als das Ketchup in ihrer Küchenhütte landet.

Später bin ich die Einzige, die einen Kontakt zu Sandy aufbaut, nicht ganz uneigennützig, denn die Hütte ist nicht nur mit Moskitonetzen geschützt, sondern auch mit Metallgittern, sodass auch kleine Hörnchen und andere

Tiere in dieser Größenordnung keine Chance haben, einzudringen. In Sandys Küchenbereich gibt es zudem einen Tisch, den ich zum Lernen benutze. Aber nicht nur der Tisch interessiert mich, sondern genauso das generatorgespeiste Licht, da ich oft ab vier Uhr morgens dort sitzen werde, draußen noch schwärzeste Dunkelheit. Neben Sandy ist auch Rosi für uns zuständig, ebenfalls eine Farbige, die bei der Wäsche hilft, aber nur bei den Hosen und T-Shirts. Um unsere Unterwäsche und Socken müssen wir uns selbst kümmern.

Nach dem Frühstück ist eine Stunde Freizeit, die ich für eine Dusche nütze. Danach sollen wir uns im Klassenzimmer treffen. Witzig. Mit über vierzig wieder auf die Schulbank. Ich muss bei dem Gedanken lächeln, ganz im Gegensatz zu den drei Jungs, die alle mürrisch und sehr cool vor sich hin blicken.

Unser provisorisches Klassenzimmer ist eigentlich nur eine geräumige Lehmhütte, mit in die Wand gebrochenen Öffnungen, aber ohne Fenster und Türen im deutschen Sinne. Es besteht aus einer Tafel (so wie früher mit Kreide), zwei Metallschränken (einer für Bücher, einer für die Waffen der Ranger) und unserem zum Mega-Schreibtisch umfunktionierten Esstisch. An der Wand hängen leicht vergilbte Schautafeln von Vögeln und Tierfährten.

Als Erstes wird uns der Lehrplan für die nächsten Wochen erklärt. Unterricht ist täglich drei Stunden. Davor und danach geht es jeweils für zwei, drei Stunden in den Busch, einmal am Tag zu Fuß (mit zwei Rangern, einer vorne, einer hinten), einmal mit dem Jeep (mit nur einem Ranger). Dazwischen: Essen und Lernen. Abends Lagerfeuer und gemeinsames Grillen. Schlafen.

Was den Unterrichtsstoff anbelangt, bleibt mir die Luft weg, als mir klar wird, welcher Lehrplan in den nächsten fünf Wochen absolviert werden soll: Neben den Themen »Führen in der Wildnis« und »Säugetiere« (meine Hauptinteressensgebiete) umfasst er: Geologie, Astronomie, Wetter und Klima, Ökologie, Botanik, Gräser, Insekten, Amphibien, Reptilien, Fische, Vögel, Tierverhalten, Naturschutz und südafrikanische Geschichte. Das alles natürlich auf Englisch. Ich bin platt. Und zudem überzeugt, dass es niemals einen Weg für mich geben würde, dieses Pensum auch nur annähernd erfolgreich zu bewältigen, um das ersehnte Ranger-Zeugnis zu bekommen. Mist.

Allerdings war das Ranger-Zeugnis auch nicht das allerwichtigste Ziel war für mich. Oberste Priorität war es, mir als Erwachsener mal die Freiheit zu nehmen, etwas Verrücktes zu tun, mir selbst einen Traum zu erfüllen, auch wenn er sich weit außerhalb meiner Komfortzone befand. Mein Traum war es, Rangerin zu werden, aber das Zeugnis war hierfür zweitrangig. Zuerst ging es um die Freiheit, auch als Erwachsener Träume zu leben. Aber als ich dann da war und merkte, dass alle es richtig ernst mit den Prüfungen und dem Lehrstoff meinten, konnte ich als Realistin, die ich bin, nur feststellen: Das wird wohl nichts mit dem Zeugnis. Meinen Traum berührte das aber nur bedingt.

Zum weiteren Nachdenken, auch zum Ärgern über meine schlechte Vorbereitung vor der Reise (hätte ich mir die zugeschickten Bücher bloß gelesen und nicht nur in meinen Koffer geschmissen), komme ich nicht, denn der Unterricht beginnt. Erster Tag: Führen in der Wildnis. Gott sei Dank.

Wer ein Ranger werden will, muss Regel Nummer eins kennen

Vorerst müssen wir Möchtegern-Ranger aber die unvermeidlichen Instruktionen zum Verhalten im Camp kennenlernen. John und Dean, der Chef-Ranger, erklären uns, worauf es zum einen im Camp, zum anderen da draußen (sprich: außerhalb des Camps) ankommt. Eine Regel, die oberste Regel (es gibt noch andere, die sind aber nicht so existenziell) beeindruckt mich besonders, ist sie doch von meinem bisherigen Denken und Handeln meilenweit entfernt.

Diese Regel Nummer eins lautet: Was auch immer du tust, Rennen ist tabu. (Auf Englisch klingt das irgendwie besser: *Whatever you do, don't run*). Das gilt vor allem für Situationen, in denen man Tieren in freier Wildbahn begegnet. Auf keinen Fall darf man beim Anblick beispielsweise eines Löwen seinem Instinkt nachgeben und weglaufen. Denn eines ist von vorneherein klar: Nahezu jedes Tier »da draußen«, nicht nur Löwe, Leopard und Co., ist uns Menschen in puncto Geschwindigkeit haushoch überlegen. Die meisten zudem in puncto Stärke. Sollte also der Mensch auf die Idee kommen wegzurennen, so wird beim Tier, so wird es uns erklärt, ein naturgegebenes Programm angestoßen. Es lautet: Jagd. Was wegläuft, ist tendenzielle Beute. Also lernen wir: Immer stehen bleiben und auf die Befehle des Rangers hören. Nie die Augen vom Angreifer nehmen, und erst wenn die Situation sicherer geworden ist, langsam rückwärts den Rückzug antreten. Im Job sieht es bei mir anders aus, wohl auch bei all den anderen Managern. Hetzen und rennen tue ich oft, vor allem in Flughäfen, letzte Minuten vor dem Boarding. Und ansonsten sind wir im Job meist die Alphatiere, verhalten uns dominant und sind uns unserer Stärke bewusst. Wenn uns jemand angreift, beantworten wir das mit Status, Kompetenz oder beidem. Entsprechend schwer ist es für mich, im Busch nicht mehr das Sagen zu haben. Hier, im Busch, ist es genau andersherum, hier bin ich das schwächste Glied in der Kette.

Ich frage, ob das Stehenbleiben auch gilt, wenn ein Leopard oder Löwe mit eindeutigen Angriffsabsichten auf uns zurennt. Leoparden greifen zum Beispiel mit bis zu sechzig Stundenkilometer an. Glücklicherweise halten sie diese Geschwindigkeit nur auf kurze Distanzen, aber für uns Menschen reicht es leicht. Die Schnelligkeit eines Leoparden ist Lichtjahre von uns entfernt. Die Antwort ist: immer. »*Whatever you do, don't run.*« Niemals. Wer rennt, ist tot. Wenn ein Tier einen Angriff simuliert oder auch real durchführt, hilft nur eines: Sich groß machen, laut werden, und wenn es nicht anders geht: schießen. Der Ranger hat aufgrund der Angriffsgeschwindigkeit vieler Tiere meist nur einen Schuss. Und der muss sitzen. Deswegen muss er auch mehr als nur gut schießen können, eine Lektion, die zum Glück noch weit vor uns liegt.

Die zweite Lektion für einen Ranger lautet: totale Präsenz (auf Englisch: *situational awareness*). Dahinter verbirgt sich etwas hoch Spannendes.

Ranger bewegen sich alleine oder mit ihren Gästen in freier Wildbahn. Und wie in jedem Lebensraum gelten auch in diesem bestimmte Regeln (die aber jetzt nicht mit der Regel Nummer eins zu vergleichen sind). Oft sind diese Regeln klarer und direkter in der Aussage als die komplexen Regeln eines Industrielands, einer Firma oder einer Familie. Die Regel der Savanne lautet: Fressen oder gefressen werden. Die Variationen der Regel lauten: Der Schnellere siegt über den Langsameren. Der Stärkere über den Schwächeren.

Natürlich gilt das, zumindest zum Teil, auch in vielen Bereichen unserer Gesellschaft. In Unternehmen, in zwischenmenschlichen Beziehungen, im Sport oder auch im globalen Wettbewerb der Länder untereinander. Allerdings gibt es einen Unterschied, und der ist gravierend: Wer den Marathon verliert, bezahlt nicht mit seinem Leben dafür. Und hier ist die Natur anders. Brutaler. In der Natur existieren beim Kampf ums Überleben wenig Grauzonen, und das vereinfacht Entscheidungen. Entweder der Ranger trifft den angreifenden Büffel tödlich – oder sein Leben (und das seiner Gäste) ist im Zweifel vorbei. Entweder das Löwenrudel erlegt das Zebra und ernährt so das ganze Rudel – oder es muss hungern. Löwinnen im Team sind in rund dreißig Prozent ihrer Angriffe erfolgreich. Der Rest ist Mathematik.

Die Fähigkeit der totalen Präsenz hilft dem Ranger, gefährliche Situationen frühzeitig zu erkennen beziehungsweise zu vermeiden. Beispielsweise gibt es wenige Dinge, die auch erfahrene Ranger mehr erschrecken als ein Zusammentreffen von Gästen zu Fuß mit einer Büffelherde. *Situational awareness* verhindert das, denn es sind unübersehbare Zeichen vorhanden, noch weit bevor die Büffelherde in Sicht ist. Es ist die Fähigkeit, alles um einen herum wahrzunehmen, was auf eine gefährliche Situation in der Zukunft schließen lässt: Gerüche, Fußspuren, umgeknickte Halme oder Äste, auffliegende Vögel und vieles andere. Ein Ranger-Anwärter, der das nicht kann, braucht erst gar keine Prüfung abzulegen, so wird es uns gesagt. Das wäre dann so, als ob man in der Fahrprüfung über eine rote Ampel fährt.

Wer die Signale des Buschs nicht zu erkennen vermag, kann kein Ranger werden. Auch das ist eine sehr klare und unmissverständliche Wahrheit unserer beginnenden Ausbildung – und gleichzeitig eines meiner ganz großen Anfangsprobleme im Busch.

Denn wie sollte ich totale Präsenz als überzeugter Multitasker praktizieren? Zu hundert Prozent und mit allen Sinnen in einem Moment zu sein, fällt mir nicht nur nicht leicht, ich kann das gar nicht. Einer der Gründe, warum ich mich mit Yoga oder Meditation schwertue. Da darf man ja auch nur im Moment sein und sich auf seinen Atem konzentrieren. Dazu kam: Wie sollte ich überhaupt Signale erkennen, die mir selbst unbekannt waren, etwa den Alarmruf eines *Red-billed Oxpeckers* (zu Deutsch: Rotschnabel-Madenhackers)? Dieser sitzt meist, wie John erzählt, auf dem Rücken von Nashörnern oder Büffeln, und wenn er auffliegt und seinen Alarmruf absetzt, ist es ein sicheres Zeichen für entsprechende Tiere in der Nähe, auch wenn man sie noch nicht sieht. Wer den Ruf dieses Vogels in der Prüfung nicht hört, ist sofort durchgefallen – und ähnliche Warnsignale gibt es zu Hunderten im Busch.

Voraussetzung für diese Fähigkeit ist neben dem Wissen, worauf es ankommt, auch die ungeteilte Aufmerksamkeit. Und, Asche auf mein Haupt, die habe ich sehr selten. Und das gilt nicht nur für den Busch, so wird es mir peinlicherweise bewusst. Die visuellen und akustischen Reize in unserem Leben sind so vielfältig, dass ich mich gern von ihnen ablenken lasse. Nahezu immer gehen mir, während ich etwas tue, andere Gedanken durch den Kopf, wälze ich zukünftige Probleme oder denke an den weiteren Verlauf des Tages, das nächste Meeting, die abendlichen Verpflichtungen. Einer Mutter mit drei Kindern wird es ähnlich ergehen, wenn auch auf andere Art und Weise, mit anderen Themen. Und auch hier im Dschungel ist es nicht anders. Statt genau darauf zu achten, wie es gerade in meinem Umfeld riecht, woher der Wind kommt oder welche Laute ich hören kann, denke ich daran, dass ich Sandy mal beibringen muss, wie man die Eier nicht unbedingt in Öl kocht, das sie aus einer Flasche in die Pfanne kippt, ob das warme Wasser zum Duschen ausreichen wird, dass es hoffentlich zum Abendessen nicht die Reste von gestern gibt.

Das Im-Hier-und-Jetzt-Sein, mit allen Sinnen, wie es fernöstliche Weisheiten einfordern, war bisher nicht meine Disziplin. Wie das Loslassen ist das Wegschieben von allen möglichen Gedanken ebenfalls eine Kunst. Aber ich war lernbereit.

Die Vögel und ich

Die von John hingehängten Vogelkarten haben gigantische Ausmaße – wieder einmal sitzen wir im Klassenraum. Hunderte von Vögeln sind auf dem leicht vergilbten Papier zu erkennen, viele sind sehr klein und kaum voneinander zu unterscheiden, manchmal nur an der Form des Schnabels oder der Farbe der Schwanzfedern. Ich schlucke.

»Wie sollen wir die alle lernen?«, frage ich mit belegter Stimme.

»Ihr müsst nicht alle kennen, es reichen so dreihundert davon.«

»Dreihundert?«, frage ich ungläubig

»Ja, dreihundert. Südafrika ist nicht nur ein Paradies für Weinliebhaber, Golfer, Wanderer und Safarifans. Es ist auch die Heimat von mehr als neunhundert Vogelarten. Und das sind zehn Prozent aller Vogelarten weltweit. Im Krügerpark alleine sind im südafrikanischen Winter, ebenso wie im Sommer, dem deutschen Winter« – John nickt mir zu – »über fünfhundert verschiedene Vogelarten zu Hause.«

Nun, ich habe so gut wie keine Ahnung von Vögeln im Busch. Und selbst in Deutschland hätte ich Mühe, mal von Vogelnamen in Kinderliedern abgesehen, spontan mehr als zehn Vögel namentlich zu benennen. Vögel, so könnte man sagen, waren weder mein Interesse, noch war mir klar, wie artenreich der Krügerpark in puncto Vögel ist. Und dass es natürlich die Aufgabe eines Rangers ist, auch diese seinem Gast, der in einem Touristencamp im Nationalpark eine *guided tour* gebucht hat, korrekt zu benennen.

Die kontinuierlichen Hinweise unserer Ranger bei unseren Touren im Busch hätten mich vielleicht schon stutzig machen können, aber wirklich alarmiert bin ich erst, als John im Unterrichtsfach »Vögel« weiter verkündet: »In der Prüfung müsst ihr von den dreihundert Vögeln zweihundert bei Sichtkontakt identifizieren können und nur gut hundert ohne Sichtkontakt (sprich: aufgrund des Rufs).« Hatte ich *nur* gehört?

Zweihundert Vögel innerhalb der wenigen Sekunden, die man sie auf einem Zweig oder Baumwipfel per Fernglas sitzen sieht, identifizieren? Und hundert Vogelstimmen auseinanderhalten? Das musste ein übler Witz sein, aber keiner der Jungs schien sich darüber zu wundern. Ich war geschockt und einmal mehr überzeugt: Die Ranger-Prüfung wird ohne mich stattfinden. Schade eigentlich, denn der Traum, Ranger zu werden, hatte sich so schön angefühlt.

Aber aufgeben ist nicht. In einer stillen Stunde beschließe ich, John zur Seite zu nehmen und intensiv zu befragen, wie genau man Vogelstimmen lernen und sich auf diesen Prüfungsteil vorbereiten könne. Er erklärt sich bereit, mit mir Extramärsche zu Fuß zu unternehmen.

Allerdings habe ich kein gutes Gefühl bei der Sache, und ab diesem Moment stehen Vögel auf meiner persönlichen Feindesliste im Busch. Und es gab viele Vögel dort. John bleibt nämlich alle paar Meter stehen, um irgendeinem gefiederten Wesen per Fernglas hinterherzustarren und Namen zu nennen, die ich in meinem Leben noch nie gehört habe und noch nicht mal weiß, wie ich sie in die immer mitgeführten Notizhefte eintragen soll.

Das macht er auch bei den gemeinsamen Touren mit den Jungs, und nach Tagen vollkommen frustrierender Vogelerfahrungen beschließe ich, etwas zu tun, was mir im normalen Leben schon nicht leichtfällt, aber als einziger Frau unter Männern noch weniger. Ich beschließe, um Hilfe zu fragen und darum zu bitten, dass zukünftig Vogelnamen bitte buchstabiert werden, damit ich sie später dann im Camp in den vielen Vogelbüchern wiederfinden und darüber nachlesen kann. Wie peinlich. Ich komme wir wie ein Analphabet vor. Dabei ist mein English wirklich fließend, aber Namen wie *Pin-tailed Whydah* (Dominikanerwitwe) oder *Kurrichane Thrush* (Rotschnabeldrossel) vom bloßen Hören korrekt zu buchstabieren, war schlichtweg nicht möglich.

Mein anderes Problem ist das visuelle Identifizieren der meist fliegenden oder auch in dichten Bäumen sitzenden Wesen. Auf einen Vogel hingewiesen, reißen alle anderen immer sofort die Ferngläser hoch und brummeln den vermeintlichen Namen vor sich hin. Wenn ich mein Fernglas nutze und in Richtung des angegebenen Ortes blicke, sehe ich meistens vieles, aber selten einen Vogel. Es braucht Übung, mit einem Fernglas umzugehen, auch das lernte ich einzusehen. Aber ein Manager, der sich von etwas überfordert fühlt, delegiert das Unangenehme entweder (das geht ja nun mal in meinem Fall nicht), vermeidet es (scheidet aus nachvollziehbaren Gründen auch aus) oder, auch eine gute Strategie, wenn jedoch nur kurzfristig, simuliert Wissen, um keine Schwäche vor anderen einzugestehen. Ich entscheide mich nach einigen Tagen, abermals meine Schwäche zuzugeben, Unterstützung zu akzeptieren (auch Sammy und Daniel machen mit mir jetzt Extratouren) und aufzuhören, mich selbst zu bemitleiden. Mein Selbstmitleid verband sich meist mit großer Härte gegen mich selbst. Tagsüber in der Gruppe hatte ich mir nichts davon anmerken lassen, aber wenn ich allein war, konnte ich mich exzellent selbst demotivieren und runterziehen. Das musste unbedingt aufhören.

Und es hört auf. Ich lerne jetzt mit dem Fernglas zu operieren, lese stundenlang Vogelbücher (gebe dafür sogar auf, mit den anderen in der Freizeit Volleyball zu spielen) und lebe einen mit einigem Erstaunen wahrgenommen großen Ehrgeiz in mir richtig aus, erstmals, seitdem ich in Südafrika gelandet bin. Und ich entdecke neue Seiten an mir. Zum Beispiel bin ich erstaunt darüber, wie diszipliniert und ehrgeizig ich sein kann, sogar im Busch. Andererseits ist das vielleicht auch nur logisch, denn ich war unter anderem wahrscheinlich gerade wegen dieser Eigenschaften so weit in meinem Job gekommen. Ich hatte darüber nur nie so richtig nachgedacht.

Gleichzeitig erfahre ich etwas, von dem ich überzeugt bin, dass es mir später in meinem regulären Job helfen wird, ein besserer Manager zu sein: Hilfe anzunehmen und Wissen zu teilen. Und: Ich lerne viele wunderschöne Vögel kennen, die mich alle auf ihre Art, aber meist durch ihre Farben und ihre Anmut tief berühren. Das alles hatte ich bisher aus meinem Leben ausgegrenzt? Ich bin, einmal mehr, ob dieser neuen Erkenntnis sprachlos. Mein Kindheitstraum ist ein Türöffner, nicht anders wird es bei Caroline gewesen sein, überlege ich. Ein Kindheitstraum ermöglicht es, neue Wege einzuschlagen, neue Fähigkeiten an sich zu entdecken. Kein Erwachsener sollte aufhören, sich seinen Traum zu erfüllen, denn in der Verwirklichung davon passieren Dinge, die nicht nur etwas mit der Kindheit zu tun haben, sondern mit dem Kern von einem selbst. Diesen Kern zu erfahren ist das Wichtigste. Und der Kindheitstraum ist dann nur Mittel zum Zweck, um das verstaubte Schloss zu einem selbst wieder zu öffnen.

Wie blind sind wir eigentlich?

Morgens, noch vor dem Frühstück, alle vom Tau feuchten und auch weniger feuchten Spuren rund ums Camp zu untersuchen gehört zu unserem Standardprogramm. Sie entscheiden ja auch, ob wir uns nach der ersten kärglichen Mahlzeit des Tages zu Fuß aufmachen oder uns in den Jeep setzen und weiter außerhalb des Camps nach Fährten suchen. Das Lesen von Fährten und die entsprechenden Rückschlüsse auf die Tiere, die diese Fährten verursacht haben, ist Basisprogramm für jeden Ranger. Obwohl sich das abenteuerlich anhört, empfinde ich so manche Spur eher als ein notwendiges Übel. Bei mir steigt die Spannung immer erst dann, wenn es Raubtierfährten sind. Löwen, Hyänen, Leoparden, Geparden, diese gefährlichen Tiere und ihre Fährten liebe ich. Auch Elefanten, Nashörner und Giraffen stehen ganz oben auf meiner Liste, wobei diese Spuren nun auch wegen ihrer Größe und Form extrem einfach zu erkennen sind, sogar für Anfänger-Ranger wie mich.

Schwieriger wird es für mich, wenn es um die verschiedensten Mikrofährten von Käfern – und es gibt viele Käfer in Südafrika – oder Kleintieren wie Stachelschweinen, Schakalen, diversen Hasen oder Erdferkeln geht. Da ist mein Interesse und konsequenterweise auch mein Wissen gering. Das klingt erst einmal nach einer banalen Einsicht, ist es aber nicht. Man muss nur an Kinder in Schulen denken. Weckt man ihr Interesse für bestimmte Dinge, wissen sie hinterher mehr über diese. So erging es mir mit den Mistkäfern. Jedes Mal, wenn John oder Dean Elefantendung entdeckten, blieben sie vor dem Haufen stehen und wiesen auf die *dung beetles* hin. Stets waren diese Käfer ein Riesending, so wussten wir Möchtegern-Ranger, dass die Insekten Prüfungsthema sein würden (und so war es schließlich auch, die Käfer wurden natürlich abgefragt). Das hieß, man musste alles über sie lernen. Nun konnte ich mit den Viechern wenig anfangen, sie gehörten keineswegs zu meinen Favoriten. Dann aber versuchte ich, das Faszinierende an ihnen zu entdecken. Irgendetwas musste doch spannend an ihnen sein. Schließlich entdeckte ich das dann auch. Mistkäfer ernähren sich, wie ich schon wusste, von Dung. Aber nun erfuhr ich, dass sie ganz unterschiedlich mit diesem Dung umgehen, einige rollen ihn zusammen und tragen ihn auf dem Rücken, wieder andere buddeln und bohren die riesigen Kügelchen in die Erde hinein. Was für eine Leistung dieser tag- und nachtaktiven Insekten. Überhaupt versuchte ich diese Vorgehensweise jetzt auf alle Tiere anzuwenden, die mir auf den ersten Blick nicht interessant vorkamen. So fragte ich mich: Wieso können Termiten besser gedämmte Häuser bauen als wir? Was für eine Art Klimaanalage haben die da drin? Wie halten sie die kühle Temperatur in der Hitze? Jede spannend aufbereitete Info half mir dann, das Wissen über die für mich weniger interessanten Tiere zu erhöhen. Ob das auch für Menschen galt?, fragte ich mich.

Jetzt muss man sich das Fährtenlesen wie beim Elefantendung aber nicht nur als Spurenidentifikation auf möglichst sandigem Untergrund vorstellen. Überall in der Natur finden sich Fährten oder Zeichen, die auf Geschehnisse der Vergangenheit und möglicherweise der Zukunft hinweisen. Umgeknickte Äste, Schleifspuren, Exkremente, niedergedrücktes Gras, Kratzspuren an Bäumen, Gerüche (zum Beispiel von einem Tier, das sein Territorium mit Sekreten oder Urin markiert) und vieles andere geben Hinweise auf Geschehnisse in der Wildnis, ich hatte das bei der Fähigkeit zur totalen Präsenz schon angesprochen. Und ein guter Ranger oder Fährtenleser (*tracker*) nimmt sich die Zeit, diese zu sehen, sie zu interpretieren und gezielt nach weiteren Indizien zu suchen. Das kostet Zeit, Geduld und Ausdauer, wird aber meist am Ende mit großartigen Tiersichtungen belohnt.

Typisches Zeichen im afrikanischen Busch sind Bäume, deren Rinde wie von Geisterhand abgezogen wurde, sodass der Blick auf das Innere des Stamms sichtbar wird. Etliche Tiere fressen Teile ebendieser Rinde, weil sie extrem nahrhaft ist, so zum Beispiel die Elefanten die des Marula-Baumes (er wird deswegen auch Elefantenbaum genannt). Je nachdem, wie frisch und feucht die Ränder der abgeschälten Rinde sind, kann man dann auf die Stunden Rückschlüsse ziehen, in denen sich die Dickhäuter dort nahrungstechnisch versorgt haben.

Ein guter Fährtenleser hat das Talent, sich in die Tiere hineinzuversetzen und so zu in der Lage zu sein, ihren Weg durch die Savanne nachzuvollziehen. Die Kombination von Spurenanalyse und Wissen des Rangers über den Tagesablauf, die Fressgewohnheiten, die Beuteschemen oder Aufenthaltsplätze (Leoparden klettern beispielsweise gern mitsamt ihrer Beute auf Bäume, insbesondere in Astgabeln) ermöglichen es ihm, gut vorherzusehen, wo und wie sich die Tiere durch den Busch bewegt haben oder wo sie wahrscheinlich zu finden sind. Hinzu kommt natürlich ebenso Erfahrung, und dort haben die Afrikaner uns Europäern logischerweise viel voraus. Oftmals sind die Fährtenleser in den Camps Angehörige einer der vielen verschiedenen ethnischen Stammesgruppen Südafrikas, so die Xhosa, die Shangaan, die Herero oder die Zulu, die auf eine lange Tradition im Spurenlesen blicken können.

Am Ende entdecke ich zwei Fährtenleser-Fähigkeiten bei Rangern, die ich auch bei Managern extrem wichtig finde, die aber oft im Tagesgeschäft untergehen. Die Fähigkeit, auf ein winziges Detail zu achten, etwa den hinteren Teil des Abdrucks einer Nashornfährte, aber zugleich das große Ganze in den Blick zu nehmen. Die Wildnis ist in so rascher Veränderung, dass die Nichtbeachtung des großen Ganzen schnell zu einer tödlichen Gefahr werden kann. Stellen Sie sich einen Ranger vor, der im Tunnelblick nur seinen Nashornfährten folgt und dabei völlig das alarmierte Schnauben von Impalas überhört, das von nahenden Raubtieren berichtet. Wenn er zudem nicht exakt genug auf das Detail schaut – beispielsweise unterscheidet sich die Nashornfährte eines Spitzmaulnashorns von der eines Breitmaulnashorns nur anhand des kleineren hinteren Ballens –, dann vermutet er fälschlicherweise, dem wenig aggressiven Breitmaulnashorn zu folgen, ist aber dem deutlich aggressiveren schmallippigen Kollegennashorn auf der Spur. Das kann ins Auge gehen, und wie ich schon sagte, im Busch können solche Fehler mal eben mit dem Leben bezahlt werden. Ein Ranger muss deswegen immer alles im Blick haben, jede Einzelheit ebenso wie das große Ganze.

Da haben wir Manager es doch leichter: Wir delegieren die Detailarbeit an Mitarbeiter und blicken immer auf das große Ganze, die *bottom line* zum Beispiel, das, was unter dem Strich bleibt. Unser Nachteil ist, dass wir dabei aber oft das Gefühl verlieren, »dabei zu sein«, die Essenz unserer Produkte und Dienstleistungen noch zu spüren. Die Qualität eines Produkts beispielsweise entsteht aber genau dort: in der Detailarbeit. Und ich kenne viele Manager, denen genau dieses Wissen und Gefühl abhandengekommen ist, ein Grund, warum ihnen ihr Job und ihre Mitarbeiter nach vielen Jahren fremd geworden sind.

Während ich den großen, farbigen und stämmigen Tracker Kibwana beobachte, der eines Morgens bei uns ist und John mit unglaublichem Wissen, großer Geduld und adleraugenähnlichen Beobachtungen unterstützt, wird mir aber auch klar, dass jeder, ganz gleich ob Manager, Student oder Lehrer, von einem Ranger lernen kann. Denn der Blick für das, was wichtig ist, ob groß oder klein, ist die Fähigkeit, die uns in einer übervollen Welt zwischen Fernsehen, Facebook, Familie und Großstadt-Überangebot hilft, zu sortieren. Je voller die Welt, umso schwieriger ist das aber.

In Afrika ist die Welt in dieser Hinsicht weniger voll, und hier liegt es nun an mir, die Kunst des Fährtenlesens zu erlernen und den Tunnelblick des Normalmenschen abzuschalten. Ich gebe mir große Mühe und bin erstaunt, wie viel man erkennen kann, wenn man sich die Zeit nimmt, genau hinzuschauen. Allerdings, so muss ich mir eingestehen, sehen die Jungs und ich auch bei noch so genauem Hinschauen um ein Vielfaches weniger als John und Kibwana, der mit seinen mindestens hundert Kilo ein Berg von einem Mann ist. Aber ich tröste mich mit der Vorstellung, dass die auch mal so wie wir angefangen haben und es im Eisenschrank des Camps schließlich etliche Fährtenbücher gibt, die ich zusätzlich studieren kann. Auch lerne ich im Lauf der Wochen, wie sehr man seine Sinne, selbst als Normalmensch wie ich, auf Empfang stellen kann. Das tun wir einfach nur nicht im Alltag. Und verpassen dadurch vieles, was das Leben ausmacht.

Je mehr Stress die Menschen ausgesetzt sind, je mehr Verantwortung man übernimmt und je größer der Zeitdruck, umso eher neigt man dazu, eindimensional zu leben. Das ist eine durchaus konsequente Reaktion, vieles auszublenden, ja es ist sogar ein eingebauter Überlebensmechanismus. Aber es macht das Leben auch arm. Denn das Leben ist nicht eindimensional. Das Leben ist 360 Grad. Es besteht aus Geräuschen, Gerüchen, Gefühlen, neuen Eindrücken, auch aus der Bewusstheit von Momenten. Dazu muss man aber seine fünf Sinne benutzen, und das haben wir meist verlernt. Wie viele Sinne setzen wir überhaupt in unseren Jobs ein? Zum Beispiel das Hören, das wirklich gute Zuhören. Das ist nicht gerade eine Kunst, die viele (auch ich leider) beherrschen, obwohl sie so wichtig wäre. Aber auch ein genaues Hinschauen wird viel zu selten praktiziert.

Und wie steht es um unsere Rituale? Rituale stärken Gemeinschaften, wie zum Beispiel Herden von Elefanten oder Rudel von Löwen. Wir Menschen kennen auch

Rituale, etwa, wie wir einen anderen begrüßen. Aber unsere Rituale haben sich im Lauf der Zivilisation verändert, und viele sind dem Wunsch nach Inhaltlichkeit und Effizienz gewichen. Wer geht zum Beispiel heute noch zu einem Mitarbeiter hin, legt die Hand auf seinen Arm und fragt ihn: »Hey, wie geht's dir?« Berührungen, Töne, auch Spiele, sind wichtige Rituale, aber die haben wir uns in unserer hektischen, durch Medien dominierten Welt abgewöhnt. Dabei wäre vielleicht gerade dieser auf Sinne ausgerichtete Umgang miteinander in einer Gemeinschaft oft hilfreicher als tausend SMS oder E-Mails.

John und Dean, unsere beiden Ranger, geben uns deswegen auch immer wieder ein Blatt oder eine Blüte in die Hand, mit den Worten: »Fasst das mal an, und riecht auch mal dran!« Einmal kommen wir an einen Baum, der *Apple Leaf* heißt, Apfelblatt, und John sagt: »Kommt näher, ich will euch zeigen, warum dieser Baum so heißt.« Er sammelt ein paar Blätter vom Boden auf und drückt sie in der Hand zusammen, was ein Geräusch verursacht, als würde man in einen Apfel beißen. John und Dean bringen uns bei, alle Sinne wieder zu benutzen.

Eines allerdings ist mir bei meinen Fährtenleseversuchen in der Natur sofort klar geworden: Die Ranger-Angewohnheit, gefundene Exkremente von Tieren, etwa Elefanten, mit bloßer Hand aufzubrechen, um uns die dort bereits aktiven Mistkäfer und Termiten zu zeigen, das werde ich niemals tun. Alle im Team finden es wahnsinnig witzig, dass ich mich weigere, dies zu tun, und argumentieren, der Elefantenkot wäre doch nur getrocknetes Gras und kleine Äste. Aber ich bleibe dabei: Selbst wenn ich der erste Ranger im Busch bin, der das nicht tut – Kot bleibt Kot. Und wenn einer meiner zukünftigen Gäste Mistkäfer sehen will, dann werde ich den Elefantenballen eben mit dem Schuh aufbrechen. Ist zwar weniger cool, aber das geht schließlich auch.

Tierische Begegnungen

Meine erste Begegnung mit einem meiner tierischen Top-Favoriten, dem Leoparden, hatte ich eines Abends auf einer Fahrt durch den Busch. Und sie lehrte mich vor allem eines: Wir Menschen sind lange nicht so schlau, wie wir immer glauben.

Es war ein anstrengender Tag gewesen. Ein langer Morgenmarsch voller mir nach wie vor unbekannter Fährten und Vogelstimmen, eine staubtrockene Theorielektion über Tiere, mit denen ich mich nun wirklich nicht gerne beschäftige (Schlangen), und ein heißer, trockener Nachmittag, den ich, für eine der vielen Prüfungen lernend, alleine vor meinem Zelt verbringe, statt mit den anderen Volleyball am Fluss zu spielen. Aber um fünf Uhr beginnt meine Busch-Happy-Hour. Und die beinhaltet nicht Gin und Tonic (wie auch, ohne Eiswürfel und Zitronen?), sondern die von mir herbeigesehnte Abfahrt in Richtung eines der Wasserlöcher für Tierbeobachtungen oder quer durch den Busch, in der Hoffnung auf das sogenannte »Big Game«.

Den Begriff »Big Game« muss man vielleicht erklären.

Touristen, die nach Südafrika kommen und eine Safari buchen, wünschen sich sehnlichst, die sogenannten »Big Five« zu sehen, die Großen Fünf. Das sind Löwe, Büffel, Leopard, Nashorn und Elefant. Viele Lodges, vor allem die teuren, garantieren das auch ihren Gästen: »Die Großen Fünf an einem Tag – oder ihr bekommt das Geld zurück!« Als Manager halte ich das eventuell noch für sehr effizient, als jemand, der einen Blick hinter die Kulissen der Natur werfen durfte, halte ich es für eine verpasste Chance. Denn bei näherem Hinsehen und dem Loslassen des Glaubenssatzes »Afrika, das sind Elefanten und Löwen« hat dieses Land unendlich viel mehr zu bieten. Und meist findet man diesen Reichtum erst, wenn man sich Zeit lässt.

Der Natur ist unser Vierundzwanzig-Stunden-Denken übrigens vollkommen egal. Wenn Löwen eine sehr beutereiche Nacht hatten und am nächsten Tag das Wetter schlecht ist, bleiben sie mit ihrem Rudel im Dickicht. Es sei denn, sie werden rausgelockt, gestört oder gejagt. Und das ist natürlich nicht der Sinn einer Safari. Aber wer denkt schon darüber nach? Als Luxuscamp-Gast ist man froh, die Big Five in ihrer ganzen Größe und Schönheit zu sehen, warum da unnötige Fragen stellen?

Zurück zu dem Leoparden. Ich lernte also im Busch, dass gut Ding Weile braucht und es schöner ist, eines der Großen Fünf wirklich zu erleben und zu genießen, als von Foto zu Foto zu hetzen, von Tier zu Tier, getrieben von Hightech-Rangern mit einem Funkgerät im Ohr.

Unser Leopard war nach vielem Hin und Her bei einbrechender Dunkelheit von unserem Fährtenleser und Ranger John anhand seiner Spuren verfolgt worden. Ich könnte schreiben, wir hätten eine lange Verfolgungsjagd veranstaltet. Das würde spannender klingen, aber so war es nicht. Es war tatsächlich ein ewiges Hin und Her. Manchmal blieben die beiden Männer stehen, diskutierten eine Fährte ausführlich und ich dachte voller Ungeduld: Was machen die denn da eigentlich? Was soll das Herumgestehe, sehen die denn nicht, dass da kein Leopard mehr ist? Die Ranger allerdings spürten in diesem Moment dem Wind nach oder analysierten fachmännisch den Leoparden-Dung. Schließlich endeten die Spuren vor einem dichten, zirka vier Meter breiten dornigen Gebüsch. Das Umfahren des Gebüschs brachte uns aber nur die Information, dass die Raubkatze da immer noch drin sein musste, denn auf der anderen Seite gab es keine Spuren, die aus dem Gebüsch herausführten. Also zurück auf Position eins.

John und Kibwana nahmen sich viel Zeit bei ihrem Aufspüren und Verfolgen. Mir war das zu langatmig, und von außen betrachtet erschien es mir auch wenig einleuchtend. Ich musste noch lernen, dass das Aufspüren eines solchen Tieres viel Geduld und Wissen erforderte. Mir aber hatte das alles viel zu lange gedauert, und ich war ziemlich genervt, die Jungs allerdings waren top-gespannt.

Schließlich fahren wir also wieder um den Busch herum, unter viel ohrenbetäubendem Lärm des starken Jeep-Dieselmotors, leuchten rechts, leuchten links, leuchten überall – und sehen... nichts. Kein Leopard, keine Spur. Gar nichts. Dafür das Sirren von Moskitos um uns herum. Dazu macht sich langsam Hunger bei mir bemerkbar. Aber das ist natürlich kein Argument für Männer, zurück ins Camp zu fahren. Mit Vollgas und unter Höllenlärm geht es nun durchs Gebüsch. Unter dem

Gewicht des Jeeps biegen sich die Büsche zur Seite und geben knirschend den Weg frei. Mir ist das nicht geheuer. Mittlerweile ist es stockfinster, und es wird immer schlimmer mit den Stechmücken. Auch finde ich die Aussicht nicht witzig, möglicherweise mit einem Leopard in einem Dornengestrüpp festzusitzen.

Ich schätze, wir manövrieren und leuchten gut zwanzig Minuten in jeden Winkel dieser Büsche, aber es ist vergebens. Resignation breitet sich aus, auch bei meinen Männern, und ich bin froh, dass es zurück ins Camp geht, obwohl ich dieses in meinen Augen traumhafte Tier zu gern gesehen hätte. Hier stand meine mangelnde Geduld in krassem Gegensatz zu meiner Tierliebe und dem Wunsch nach einen Top-Foto von diesem Traumtier.

Wir fahren jetzt auf die steinige Piste jenseits des Busches zurück, und was sehen wir, mitten auf der Piste? Unseren Leoparden.

Aufrecht sitzt er da und blickt uns aufmerksam entgegen, als hätte er regelrecht auf uns gewartet. Na, habt ihr auch schon kapiert, dass ich hier und nicht dort bin?, scheint er uns sagen zu wollen. Seine Schwanzspitze zuckt leicht nach links und rechts. Seine Augen sind direkt auf uns gerichtet. Unser Fährtenleser leuchtet mit seinem Strahler auf seinen Körper (nicht seine Augen, das ist schädlich), und John stellt den Motor ab. Endlich Ruhe. Die Grillen zirpen, und die Geräusche der Nacht unter sternenklarem Himmel übernehmen die Regie. Den Leoparden scheint das zu entspannen, denn er legt sich nun, vier Meter vor unserem Auto, flach auf die Straße und blickt uns unvermindert an. Was für eine Schönheit!

Seine Augen reflektieren das Licht des Scheinwerfers, und deutlich sehe ich die Muskelstränge am Hals und an den Schultern unter seinem schwarzgetupften Fell. Während ich noch dahinschmelze, steht er auf und geht gemächlich, besser gesagt majestätisch, ohne uns noch eines Blickes zu würdigen, rechts am Jeep vorbei und verschwindet ungehört und ohne eine Spur zu hinterlassen in ebendem Buschwerk, das wir Menschen vorher mitsamt Auto durchpflügt hatten. Noch einmal raschelt ein Zweig, dann ist das Schauspiel dieser Nacht vorbei. John dreht sich zu uns um und sagt anerkennend: »Ein Prachtbursche, oder?« Alle zukünftigen Junior-Ranger nicken begeistert. Wir finden keine Worte, um die Schönheit und Eleganz dieses Tieres zu beschreiben, also schweigen wir. In stummer Übereinstimmung geht es zurück Richtung Camp. Das Abendessen wartet.

Der Elefant vor dem Auto

Wir nähern uns langsam der Halbzeit unserer Rangerausbildung, und nach wie vor sind die Begegnungen mit den großen Tieren der Savanne meine absoluten Höhepunkte.

Aber nicht immer verlaufen die Begegnungen so, wie man sich das wie für eine Kitschpostkarte bestimmt wünscht, etwa eine Elefantenherde in Abendstimmung vor einem Wasserloch. Im Busch ist es eben wie im echten Leben. Vieles kommt anders, als man denkt, und oft ist man, wenn es passiert, nicht vorbereitet. Dann kann man nur reagieren und hoffen, dass alles gut geht.

Genauso ging es uns eines Abends auf unserem typischen *game drive*. Mittlerweile dürfen nicht nur die Ranger den Jeep fahren, sondern auch wir Schüler, und einer von uns darf vorne auf dem am vorderen linken Kotflügel montierten Fährtenleser-Stuhl (*tracker seat*) Platz nehmen. Er übernimmt damit automatisch die entsprechende Verantwortung fürs Spurensuchen und später, wenn es dunkel geworden ist, fürs Leuchten mit einem dicken Strahler.

Heute fährt Wilhelm, der jugendliche Rebell und Außenseiter der Gruppe, unseren Jeep. Er ist ein verschlossener, leicht störrischer junger Mann, wie ich inzwischen festgestellt habe, aber wer weiß, vielleicht ist das einfach so in dem Alter. Er ist gerade mal 22. Den Jeep fährt er auf jeden Fall ausgesprochen gerne und befolgt auch alle uns im Vorfeld gegebenen Regeln und Erklärungen unserer Ranger bezüglich des Fahrens durch Flussbetten oder Nutzung des Vierradantriebs. Ich sitze neben ihm auf dem Beifahrersitz, der tiefer ist als die Rücksitze, und bekomme dadurch den abendlich kühlen Fahrtwind nicht so ab. Dean, der Chef-Ranger, hat in der letzten Reihe des offenen Wagens Platz genommen. Freiwilliger Fährtenleser auf dem Sitz vor dem Kühler ist Daniel. Ich nenne ihn im Geiste immer unseren Brad Pitt, das ist seinem guten Aussehen geschuldet. Er ist aber auch durchaus ein eitler junger Mann, der nach etlichen Semestern Biologiestudium eigentlich viel lieber in den Discos im heimatlichen Kapstadt herumhängen würde, umgeben von etlichen jungen Frauen, als bei uns im Busch. Aber sein Vater hatte wohl eine unmissverständliche Ansage getan und die weitere Studienfinanzierung von der Camp-Teilnahme abhängig gemacht. Dort sollte der Sohnemann das »echte Leben« kennenlernen. Der Sohn folgte der Anweisung widerstrebend, aber sein Biologiewissen war in unserer Gruppe natürlich höchst willkommen.

Während also Wilhelm langsam ein Flussbett durchquert (da ist der Boden oft unvorhersehbar, und zudem verstecken sich häufig Tiere in den seitlichen Böschungen), sitzt unser Brad Pitt vorne auf dem *tracker seat*. Ich genieße, wie bei jeder Fahrt, die mich umgebende Natur und blicke entspannt aus dem Seitenfenster. Unterhaltungen gibt es im Auto wie auch bei den Fußmärschen wenig. Man soll ja auf die Geräusche der Natur achten.

Der Abend dämmert, und wir sind auf dem Weg zu einem Wasserloch, das jenseits des Flussbetts liegt. Als wir auf der anderen Uferseite hochfahren – naturgemäß muss Wilhelm mehr Gas geben, um den schweren Wagen die Böschung hochzubewegen –, sehe ich noch am oberen Rand der Böschung einen dicken, circa drei Meter hohen Busch, ahne aber nichts Böses. Im selben Moment, als unser Auto neben dem besagten Busch gerade wieder in die Horizontale kommen soll, bersten Äste links vor dem Auto, und ein sichtlich aufgeregter Elefant bricht durch den Busch. Mit erhobenem Rüssel und bedrohlich wedelnden Ohren fixiert er mit den Augen unser wie ein Käfer am Anstieg klebendes Auto und wackelt wüst mit dem Kopf. Mein Herz droht stehen zu bleiben. Noch schlimmer erwischt es Brad Pitt, der ja noch gut zwei Meter weiter vorne sitzt und somit vielleicht nur noch anderthalb Meter Abstand zu dem Elefanten hat. Gott sei Dank gibt er keinen Ton von sich und versucht auch nicht, rückwärts über den Kühler ins Wageninnere zu klettern. Er rutscht stattdessen immer tiefer in seinen Sitz und gibt keinen Laut von sich. Wilhelm wiederum, unser Fahrer, ist vor Schreck ohne zu kuppeln so abrupt auf die Bremse getreten, dass der Jeep, immer noch am Hang stehend, abgewürgt wird. Keine gute Position gegenüber einem aggressiven Elefanten. Wie in Trance höre ich von ganz hinten Dean mit leiser Stimme sagen: »Keine Aufregung! Der beruhigt sich wieder und will wahrscheinlich einfach hier kreuzen. Entspannt bleiben!«

So kommt es dann auch. Nach einigem Hin- und Herschütteln des massiven Kopfes und bedrohlichen Bewegungen in unsere Richtung regt sich der gut viertausend Kilogramm schwere und mindestens drei Meter hohe Koloss (deutlich höher als unser Auto!) und dreht nach rechts ab. Und jetzt wird es sichtbar: Es scheint eine Leitkuh gewesen zu sein. Während sie in Richtung einer Buschgruppe verschwindet, teilt sich der Busch links noch einmal, und drei Elefantenkälber unterschiedlichen Alters sowie fünf erwachsene Elefanten folgen ihr. Sie würdigen uns aber keines Blickes, sondern laufen ihrer Leitkuh konsequent hinterher. Innerhalb weniger Sekunden ist das Spektakel vorbei, und nur noch ein Rascheln der Büsche zeugt von ihren Besuchern.

In dem Moment fällt es mir ein: meine Kamera! Als begeisterte Fotografin sind das die Momente, die sich jeder Hobbyfotograf herbeiwünscht. Ich aber, in der atemlosen Aufregung des Augenblicks, hatte nicht einmal daran gedacht, meine Kamera zu zücken. Ich schimpfe vor mich hin, während der etwas blass gewordene Wilhelm den Wagen wieder startet. Vorher steigt Brad Pitt aber mit wackeligen Knien von seinem Sitz in der ersten Reihe ab und begibt sich zu uns ins Autoinnere. Er sagt den Rest des Abends kein Wort mehr, aber sein Gesicht spricht Bände. Die Schönheit und Kraft von Elefanten zu beobachten, ist schon auf die Distanz etwas sehr Bewegendes. Aber sie so dicht vor sich zu sehen, nicht wissend, was als Nächstes passieren wird, ob sie mal eben mit dem Rüssel ausholen und einem vom Sitz fegen oder das Auto umwerfen (alles schon passiert, zum Glück nur nicht bei uns), ist etwas anderes. Etwas, was sich kaum in Worte fassen lässt.

Abends, am Lagerfeuer, schicke ich eine kleine mitgebrachte Flasche Gin in den Umlauf (Danke, Koffer!).

Als Daniel an der Reihe ist, sich etwas davon einzuschenken, sage ich: »*Take two*. Nimm einen Doppelten.« Alle lachen, und die Anspannung löst sich in ein großes Glücksgefühl mit einem Volumen vom Bauch bis zu den Haarspitzen auf. Das Leben ist großartig.

Mein Freund der Baum

In Deutschland gehe ich als pflichtbewusste Hundebesitzerin (natürlich des tollsten, intelligentesten und schönsten Labradors der Welt) oft und gerne an Wochenenden in den Wald. Aber auf keinem meiner bisherigen Spaziergänge durch diese Natur habe ich mir je Gedanken über die Bäume gemacht, ihre Namen, deren Früchte, die Dichte ihres Holzes, den Boden, auf dem sie stehen, oder was aus ihrem Holz produziert werden kann. Ähnlich wie bei heimischen Vogelnamen hätte ich mich schwergetan, sie spontan zu benennen.

In Südafrika hat sich das geändert, und ich habe in mir, nachdem ich viel über sie gelernt hatte, eine große Faszination für Bäume entdeckt. Die Ursache dafür ist mir nicht ganz klar. Vielleicht liegt es an der Kraft und Ruhe, die manche von ihnen ausstrahlen, vielleicht ist es auch das hohe Alter von tausend und mehr Jahren, das viele Bäume erreichen. Vielleicht ist es aber auch das typische Bild, das man hundertfach gesehen hat, wenn man Reiseberichte oder Anzeigen über Südafrika sieht. Auf vielen Fotos ist der unverwechselbare, traumschöne Baobab-Baum abgebildet, der Affenbrotbaum, mit seiner weit ausladenden, pilzförmig geschwungenen Krone und einem dicken knorrigen Stamm, meist im Sonnenuntergang.

Wir aber werden zuallererst mit dem schon erwähnten Marula-Baum konfrontiert, eher namentlich bekannt aus der Werbung für ein sehr leckeres, Baileys-ähnliches Getränk, den Amarula. Der Marula- oder Elefantenbaum ist recht weit verbreitet im Krügerpark und stellt ein wunderbares Lernobjekt für angehende Ranger dar. Denn bei der Prüfung geht es bei einem Baum nicht nur um seine bloße Identifikation, sondern auch um das Wissen der Blattstruktur, auf welchen Böden er steht oder wo man ihn typischerweise findet, welche Früchte er trägt und welche Tiere davon essen, wie sein Holz beschaffen ist (ob es zum Beispiel gutes Brennholz ist) und welche Nahrung aus ihm produziert werden kann. Zudem erklären uns unsere Ranger immer noch, welche medizinischen Extrakte aus ihm gewonnen werden und welcher traditionelle Aberglauben mit dem entsprechenden Baum verbunden ist. Das finde ich immer viel spannender als biologisches Fachwissen und bin fasziniert von der Vielfalt der medizinischen Wirkungsbestandteile jeder Pflanze. Das reicht vom Antibiotikum bis zum schmerzstillenden, fiebersenkenden oder blutreinigenden Mittel. Es gibt sogar ein Extrakt zur angeblichen Brustvergrößerung: Es wird aus den Knoten der Krokodilbäume (*Knob Thorn*) generiert und jungen Mädchen auf die Brust gerieben. Ich muss grinsen, als ich das höre. Die einen rennen zum plastischen Chirurgen, die anderen zu knorrigen Bäumen. Dennoch: Viel Wissen über die Pflanzen scheint medizinisch belegt zu sein, zudem ist das Wissen der Medizinmänner immer zum Greifen nah.

Als wir einen solchen Marula-Baum zum ersten Mal sehen, erklärt John, dass seine Wurzeln viel Wasser enthalten und er für Einheimische ein Symbol der Fruchtbarkeit und Zärtlichkeit ist. Der Ranger bohrt nun sein Messer in die noch intakte Rinde oberhalb der abgeschälten Rinde und zeigt uns allen danach die Messerspitze.

»Was siehst du da?«, fragt er und schaut mich an.

»Was ich da sehe?«

»Ja.«

»Rinde.«

»Gut, aber welche Farbe hat sie?«

»Na, das ist so ein dunkles Braun.«

»Sieh genauer hin, es gibt da nicht nur eine Farbe.« John hilft mir mal wieder auf die Sprünge.

Und tatsächlich, an der Messerspitze befindet sich eine innere Rindenschicht, die rötlich ist, und dahinter eine bräunliche Außenschicht.

Die rote Schicht, so erklärt John weiter, wird von den Bewohnern der Savanne zu einem Pulver verarbeitet, ein exzellentes Antihistamin, mit dem sie Magenentzündungen behandeln und das sie erfolgreich bei schmerzhaften Insektenstichen und zur Malariaprophylaxe einsetzen – ein weiterer Grund für die große Liebe zu Marula-Bäumen. Der Ranger grinst und sagt: »Vielleicht ist es aber auch das Bier, das aus den Früchten des Baumes hergestellt wird, was alle hier so mögen.« Ich muss an einen Tierfilm meiner Kindheit denken, in dem Affen wie betrunken unter Marula-Bäumen herumspringen und torkelnde Elefanten versuchen, ihr Megagewicht wieder ins Gleichgewicht zu bringen. Aber beim Nachfragen, ob das stimmen könnte, ernte ich nur ein Schulterzucken: »Das ist Hollywood. In der Natur gibt es das nicht.« Ach so.

Elefanten lieben Marula-Bäume wohl eher wegen der köstlichen pflaumengroßen grünen Früchte, die sie tragen (Menschen machen Marmelade daraus), und schütteln sogar die Bäume, damit mehr Früchte herunterfallen. Allerdings fressen sie auch die Blätter und die wasserreichen Wurzeln. Insbesondere in Trockenzeiten ist das eine willkommene Wasserquelle für die intelligenten Dickhäuter mit einem monsterguten Gedächtnis.

Mein Lieblingsbaum ist jedoch der Ahnenbaum, auf Englisch Leadwood genannt. Er ist leicht zu erkennen, wenn man durch den Busch fährt, und er beinhaltet eine unglaubliche Fähigkeit, die, schon wieder bin ich von den Fähigkeiten der Natur beeindruckt, die der Menschen weit übersteigt. Bei oberflächlicher Betrachtung lässt nichts an diesem Baum auf eine außergewöhnliche Eigenschaft schließen. Er hat eine krokodilhautartig gegerbte, leicht gräulich schimmernde Rinde und eine hohe Krone. Sowohl seine Rinde wie auch seine Wurzeln werden für medizinische Zwecke (zum Beispiel Hustenmittel) genutzt. Sein Holz ist extrem schwer, so schwer, dass es nicht in Wasser schwimmt, und es ist termitenresistent, der Grund, warum es in Afrika häufig zum Hausbau oder für Laternenmasten genutzt wird. Die Asche seines Holzes wird von den Einwohnern gern als Zahnpasta (mit Weißmachereffekt) genutzt.

Aber das eigentlich Faszinierende ist eine Eigenschaft, die in seinem Wurzelwerk begründet liegt. Dort kann er Giftstoffe, die aus dem Wasser des Bodens aufgenommen werden, erkennen und »aussortieren«. Da aber alle Stoffe aus dem Boden durch die Wurzeln in den Baum transportiert werden, leitet dieser »intelligente« Baum sämtliche Gifte in einen speziell dafür vorgesehenen Ast. Dieser wird »Opferzweig« (*sacrificial branch*) genannt, und je nach Giftmenge und Dauer stirbt er irgendwann ab, wird geopfert dafür, dass der restliche Baum weiter am Leben bleibt. Danach wird ein neuer Ast Opferzweig, aber bis dahin vergehen Jahre, wenn nicht sogar Jahrzehnte. Der Rest vom Baum bleibt davon unberührt, und vielleicht ist das der Grund, warum der Ahnenbaum oft mehr als tausend Jahre alt wird und auch nach seinem Tod noch Hunderte von Jahren stehen bleibt. (Das sind dann die immer noch hohen, aber skelettähnlichen Restbäume ohne Laub und Äste, auf denen oft Raubvögel oder Aasgeier sitzen und nach Beute Ausschau halten und die der Afrika-Tourist nur zu gut kennt.)

Schade, dass dies ein menschlicher Körper oder eine Organisation wie eine Firma nicht kann: Negatives auszusortieren und in einen bestimmten Bereich zu leiten, wo es der wichtigen Schaltzentrale nicht schadet! Im menschlichen Körper wäre das interessant bei Krebszellen oder auch Giften. Würde er die Krebszellen beziehungsweise Gifte nicht nur erkennen, sondern allesamt packen und zu einer einzigen Stelle im Organismus bringen, wo sie keinen Schaden anrichten können, so könnte man diesen Part vielleicht auch »opfern«. Der Baum fasziniert mich auch im Vergleich zu Unternehmen. Dort sind es die Intriganten und aus Prinzip den Fortschritt Verhindernden, die negativ auf die Zukunftsfähigkeit und Leistungskraft einer Firma einwirken. In jeder Abteilung gibt es solche Menschen. Und wenn man es schaffen könnte innerhalb einer Organisation diese Leute – zssst – irgendwohin zu katapultieren, wo sie keinen

Schaden mehr anrichten könnten, und die gesamte Organisation davon profitiert, wäre das eine tolle Sache. Vielleicht sollten ein paar Direktoren, Vorstände und Vorsitzende Afrika mal von dieser Seite erleben und dann darüber nachdenken, wie sie ähnliche Systeme zu Hause implementieren können, denkt mein Managerkopf.

Der unsichtbare Löwe

Nach einer unruhigen, kurzen und wie immer etwas kalten Nacht werde ich früh wach. Noch vor meinen Herzinfarktvögeln. Grund für meine schlaflose Nacht waren die Löwen. Sie waren in der Nähe, und ihr langgezogenes, stöhnendes Brüllen hatte mich mehrfach geweckt. Gegen Morgen erscheint mir das Gebrüll so nah, als ob es aus dem anderen Ende des Camps kommt. Da ich aber wusste beziehungsweise gelernt hatte, dass das Gebrüll von Löwenmännchen auch noch über etliche Kilometer hinweg gut zu hören und als Schwingung zu fühlen ist, beruhigte ich mich selbst.

Ich beschließe, früher als gewohnt, in Richtung meines »Busch-Bades« zu schleichen. Obwohl ich mich ob der vermeintlichen Löwennähe in meiner Haut nicht ganz wohlfühle, so bin ich danach doch einigermaßen fit für den Tag.

Die Fitness durchs Duschen verbessert sich weiter, als die erste Tasse dampfenden Kaffees auf dem Küchenhüttentisch steht, den ich mittlerweile auch mit offizieller Erlaubnis von Sandy mitbenutzen darf. Ansonsten durfte kein anderer die Küche betreten, nur dann, wenn sie selbst in ihr werkelte oder ich mich darin aufhielt. Dieses Privileg hatte ich mir neben der Kontaktaufnahme auch mit Hilfe eines von mir gekochten Abendessens für das gesamte Team erarbeitet. Es gab italienische Spaghetti aglio e olio, denn Chili und Knoblauch sind im Busch leicht zu bekommen, problematisch waren allerdings der Parmesan und der Rotwein dazu.

Ich denke erneut an die Löwen und dass ich bisher – ich bin jetzt fast zwölf Tage hier – noch keine zu Gesicht bekommen habe, was mich als bekennenden Großkatzen-Fan wirklich frustriert. Etliche Male hatten wir ihre Spuren rund ums Camp gesehen und auch per Auto verfolgt – Löwenrudel bewegen sich auf ihren nächtlichen Beutezügen über große Entfernungen. Aber irgendwie hatten wir die Spur wieder verloren und begnügten uns dann mit dem, was sowieso eher der Philosophie unserer Ranger entspricht: das annehmen, was der Busch anbietet. Und wenn wochenlang keine Löwen zu sehen sind, dann sind eben wochenlang keine Löwen zu sehen. Vielleicht halten sich die ersehnten Tiere gerade in einer anderen Gegend auf. Es kommt, wie es kommt, so denken Ranger.

Diese Einstellung teilte ich, wie man sich wohl denken kann, nur bedingt, war ich doch schon berufsbedingt ein Fan des Ziele-Setzens und Ziele-Erreichens: Mit dem Flow des Lebens (oder Busches) zu schwimmen und nur das anzunehmen, was kommt, erschien mir ein bisschen Warmduscher-mäßig. Als Managerin ging ich davon aus, dass alles machbar ist, wenn man es nur genügend will, wenn man positiv denkt und konsequent handelt. Im Zweifel halte ich es mit dem Zitat des Fußballkaisers

Franz Beckenbauer: »A bisserl was geht immer.« Aber das kam bei den Rangern gar nicht gut an, sie widersetzen sich allen meinen Versuchen, das täglich von mir angebrachte Löwenthema zu forcieren.

Sie hatten einfach die Ruhe weg, und ich gab mir Mühe, mich nicht darüber zu ärgern. Ich erinnerte mich an meine Großmutter, die oft zu mir gesagt hatte: »Geduld, mein Kind, ist eine Stärke.« Diesen Satz fand ich damals schon doof, aber hier, gut dreißig Jahre später, musste ich mich ja gezwungenermaßen mit dem Thema Geduld erneut auseinandersetzen.

Ich mache es kurz: Mir blieb gar keine andere Wahl, als mich in Geduld zu üben. Immerhin versprachen mir die Ranger, dass ich auf jeden Fall noch vor meiner Abreise Löwen sehen würde. Das wäre es noch gewesen, aus Afrika zurückzukehren und keine Löwen zu Gesicht bekommen zu haben. Pah!

Während ich in meinem Kaffee rühre und die morgendliche Stimmung genieße, kommen Daniel und Wilhelm in die Küchenhütte, und ich frage, ob sie auch die Löwen gehört haben. Beide bestätigen meine Vermutung, dass sie wohl nahe am Camp waren. Sofort beschließe ich, den armen John, wenn er zum Mini-Frühstück erscheint, zu bitten, sich mit uns nicht wie geplant zu Fuß, sondern per Jeep auf den Weg zu ebendiesen Löwen zu machen. Mein Plan gelingt, und schon kurz nach der Abfahrt sehen wir ihre Spuren. Zwei Männchen und mindestens drei Weibchen, die sich westwärts bewegen. Die Spuren sind maximal zwei Stunden alt, und ich bin begeistert.

Heute wird es gelingen, denke ich, und sehe mich schon im Geiste Traumaufnahmen dieser großartigen, herrlichen und mächtigen Tiere machen. Bis dahin sollen allerdings noch Stunden vergehen, denn die Spuren verlieren sich immer wieder.

Allmählich steigt auch die Sonne auf unangenehme Höhen, und schließlich geben wir an einer Kreuzung zweier Schotterstraßen entnervt auf. John hält den Wagen an und erlaubt uns, aus- beziehungsweise abzusteigen, um das ein oder andere kleine persönliche Geschäft zu verrichten. Dabei darf sich niemand zu weit vom Jeep entfernen, und entsprechend drehen sich immer alle dezent um, wenn ich die wenigen Meter in die Büsche gehe. Männer haben es da doch deutlich leichter! Danach klettere ich wieder auf den Jeep, und gerade will ich zu meiner Wasserflasche greifen, als John leise, aber in unmissverständlichem Befehlston zischt: »Alle zurück ins Auto! Sofort!«

Wilhelm und Sammy, der mit neunzehn Jahren Jüngste in unserer Gruppe, stehen nebeneinander auf der anderen Seite des Jeeps und drehen sich erschrocken zu uns um. Daniel hält sich vor dem Auto auf und beobachtet als braver Biostudent mal wieder irgendwelche Vögel. Aber auch er reißt sofort den Kopf herum, lässt sein Fernglas fallen, sodass es wie wild an seinem Hals baumelt, und springt mit einem Satz ins Auto. Wilhelm und Sammy brauchen nur Bruchteile von Sekunden länger, aber auch sie sind in Windeseile auf ihren Plätzen.

»Was ist los?«, fragt Daniel und blickt sich nervös nach allen Seiten um.

»Löwen«, lautet die lakonische Antwort von John, und er deutet nach links in die Büsche.

Wie bitte? Ich kann nichts erkennen.

Will er uns auf den Arm nehmen? Angestrengt starre

ich einmal mehr in die dichten Büsche, kann aber nichts erkennen. Wilhelm allerdings nickt begeistert mit dem Kopf, und auch Sammy scheint etwas entdeckt zu haben. Das gibt es doch nicht! Ich, der größte Löwen-Fan an Bord, nehme nichts wahr – und alle anderen schon? Hilfsbereit deutet John noch einmal für mich unter einen dichten Busch, aber so leid es mir tut, ich entdecke nichts. Da nimmt er mir meine schussbereite Kamera aus der Hand und fotografiert statt meiner den wohl fünf Meter entfernten Busch. Dann gibt er mir die Kamera zurück und sagt: »Zoom dir das Bild ran, das hilft.«

Skeptisch blicke ich auf mein Display – und fasse nicht, was ich sehe.

Da, zwischen dem grünem Laub und dichten Ästen eines Mini-Marulas, blicken eindeutig zwei Löwenaugen direkt in Richtung der Kamera. Man kann sogar ein kleines Stück der Mähne ausmachen. Erstaunt schaue ich wieder in Richtung Busch, und tatsächlich, mit Hilfe meines Displayfotos erkenne ich die richtige Stelle, und das Bild klärt sich vor meinen Augen. Das hatte ich noch nie erlebt! Es war so, als ob man bei einer Theatervorführung den Vorhang vor dem Hauptdarsteller wegziehen würde, und wenn er auch nicht ganz scharf zu erfassen ist, so steht er doch deutlich sichtbar auf der Bühne. So geht es mir mit dem Löwen, und jetzt, wo ich ihn einmal real gesehen habe, verstehe ich gar nicht, wieso ich ihn vorher nicht erblicken konnte. Die Antwort ist einfach und soll mir noch lange zu denken geben: Wir sehen nur, was wir kennen. Oder andersherum: Es fällt uns schwer, Dinge wahrzunehmen, die wir nicht kennen.

Die bernsteinfarbenen Augen meines nur wenige Meter entfernten, ganz ruhig unter dem Busch liegenden und uns beobachtenden Löwen werde ich bestimmt nicht so schnell vergessen, und das dort aufgenommene Foto erinnert mich immer wieder an diesen denkwürdigen Augenblick. Auch bin ich heute noch froh, dass keiner von uns den Löwenbusch für seine privaten Geschäfte ausgesucht hat.

Später, auf dem Rückweg, sehen wir übrigens noch den Rest des Rudels, das sich, vielleicht vom lauten Geräusch unseres Jeeps genervt, weiter in die Büsche zurückzieht. Da sich allerdings ein Stück dahinter das Gelände öffnet, haben wir an dieser Stelle einen wunderschönen Blick auf das gesamte Rudel. Zwei Männchen, fünf Weibchen und drei Junglöwen. Wir bleiben noch eine gute halbe Stunde bei ihnen und beobachten fasziniert die Spiele der Kleinen und die unendliche Geduld der Erwachsenen mit dem zum Teil über sie drüber kletternden frechen und höchst tapsigen Nachwuchs.

Löwen haben übrigens eine sehr spannende Aufgabenverteilung untereinander: Zwei bis drei Männchen formen in der Regel Allianzen und herrschen über ein Rudel von sechs bis zwölf Löwinnen. Auch bei der Aufzucht des Nachwuchses sind Löwen exzellente Teamplayer. Löwinnen kümmern sich nämlich nicht nur um ihren eigenen Nachwuchs, sondern ebenso um den des gesamten Rudels. Das funktioniert wie eine Art Betriebskindergarten, und alle Tanten, Schwestern und, ja, auch die Väter sind im Einsatz.

Aber sonst herrschen bei den Löwen klassische Rollenmodelle vor. War die Jagd erfolgreich, bedienen sich zuerst die Männchen, es sei denn, sie haben an der Jagd nicht teilgenommen, etwa, weil sie gerade ihr Revier ablaufen und zu weit entfernt sind. Sobald sie aber zu Beute kommen, fordern sie lautstark ihren ersten Anteil, und die Weibchen müssen sich gedulden. Aber die scheinen damit manchmal ein Problem zu haben, denn nicht selten robben sie sich immer näher an die Männchen heran. Wollen sie partout nicht warten, wird laut gebrüllt, und im Zweifelsfall setzt es einen Prankenhieb vom Chef des Rudels. Aber irgendwann sind dann die Weibchen an der Reihe. Bisher klingt das nach einer etwas unfairen Arbeitsteilung, allerdings obliegt den Männchen der Schutz des Rudels, und bei großen oder gefährlichen Beutetieren, etwa Büffeln oder Hyänen, legen sie dann auch selber Hand an. Hinter dem Prankenschlag eines Löwen steht übrigens ein Druck von über 1500 Kilo pro Quadratzentimeter, was sie zu ausgesprochen starken Kämpfern macht. Dennoch haben sie vor Hyänen großen Respekt und vermeiden den Kampf mit ihnen, wenn irgend möglich.

Übernehmen Löwen ein neues Rudel, töten sie die Jungen ihrer Vorgänger, ein offensichtlich brutaler Weg der Sicherstellung, dass die Weibchen bald in die Hitze kommen und sie ihre Macht mit neuem Nachwuchs ausbauen können. Das klingt unmenschlich, aber in mir taucht die ein oder andere (unangenehme) Erinnerung aus der Geschäftswelt auf: Auch dort verlieren Mitarbeiter ihre Jobs, beispielsweise die Assistentinnen des früheren Chefs, weil der neue seine eigenen Leute mitbringt. Sie werden aus Gründen der Loyalität herausgeschmissen, so heißt es jedenfalls. Das betrifft aber nicht nur den Austausch von Teams, das kann auch Projekte treffen. Da wird jahrelang viel Geld investiert, vielleicht sogar Millionen für eine bestimmte Technologie, und ein neuer Vorstand entscheidet, eine ganz andere Strategie zu fahren. Von einem Tag auf den anderen wird dann der bisherige Sektor nicht mehr gefördert, alte Strukturen werden ohne Rücksicht auf Verluste aufgelöst. Das ist nicht sehr nachhaltig, aber so wird oft die Zeitenwende in einem Unternehmen manifestiert. Bei Löwen hat das Vorgehen dagegen einfache biologische Gründe: Sie möchten sich so schnell wie möglich fortpflanzen.

Ich lerne, im Busch keine voreiligen Schlüsse zu ziehen, und erkenne dennoch oder gerade deshalb oft mehr Ähnlichkeiten zwischen der Tier- und der Menschenwelt, als es mir lieb ist. Es eröffnet mir aber auch die Chance, in der Natur und von der Natur zu lernen. Ich beschließe, diese Chance nutzen.

Die Sache mit der Angst

Im Vorfeld meiner Reise fragten mich viele Menschen: »Wirst du keine Angst haben, so mitten in der Wildnis?«

Ich antwortete meistens lächelnd: »Nein, ich beiße zurück.«

Tatsächlich hatte ich mich vor meiner Abreise nicht mit dem Thema Angst beschäftigt. Ich hatte lediglich die schon erwähnten Bedenken, was Essen, Gruppe und Krankheit betraf, die ich ja versuchte, durch gute Vorbereitung (und große Koffer) zu zerstreuen.

Angst kannte ich in meinem Erwachsenenleben eigentlich nicht. Vielleicht war ich auch immer zu beschäftigt, um Angst zu haben. Als Kind war das anders. Ich hatte Angst im Dunkeln, Angst davor, alleine zu sein, Angst vor Spinnen, Gewittern und vielem mehr. Gott sei Dank waren Spinnen die einzigen Tiere, die ich fürchtete, sonst wären meine Chancen, Ranger zu werden, wahrscheinlich deutlich schlechter gewesen. In Südafrika, in einem Land mit Dutzenden von Spinnenarten, davon etliche hochgiftig, riesig und mit haarigen schwarzen Beinen und gigantischen Körpern, oft alleine in der tintenschwarzen Dunkelheit der Nacht, entdeckte ich sie wieder, die Angst. Denn Angst ist in uns allen. Die einzige Frage ist, wie wir damit umgehen.

Meine Angst schlich sich auch immer auf leisen Sohlen an. Zunächst von meinem Verstand unbemerkt, verursachte sie zunächst dieses leichte Unbehagen in der Magengegend, und in dem Moment, wo ich dieses Unbehagen bemerkte und ihm nachspürte, gab ich ihr sozusagen Raum. Und den nutzte sie. Tausend – meist negative – Gedanken schossen mir beim ersten mulmigen Gefühl durch den Kopf, und alle hatten nur eine Wirkung: Die Angst wurde größer.

Das meiste Unbehagen hatte ich abends auf dem Weg vom Lagerfeuer zu meinem Zelt oder von meinem Zelt ab und an mitten in der Nacht zur Toilette. Beides sind nur Entfernungen von unter hundert beziehungsweise unter fünfzig Meter, aber für jemanden, der Angst hat, ist das eine lange, lange Strecke. Und da Rennen im Busch ja verboten ist (und zudem sehr uncool), muss man sich zwingen, einerseits nicht zu laufen, andererseits brav Schritt für Schritt, trotz steigender Furcht, rasenden Herzklopfens und Adrenalinschüben im Körper, die sich bis zum Zittern auswirken, immer weiter voranzugehen.

Oft, wenn es rechts und links vom Weg raschelte und ich die Ursache dafür nicht mit meiner Taschenlampe erfassen konnte, wäre ich am liebsten zurück zum hellen Lagerfeuer gelaufen, wo die Jungs und auch meist noch die Ranger saßen. Die hatten jedem von uns, nicht nur mir als einziger Frau im Team, angeboten, uns abends zu den Zelten zu bringen. Aber natürlich nahm das niemand an, und auch ich wollte das nicht. Vor allem, weil ich ja die einzige Frau war, aber ebenso aus dem Grund, weil ich mich meiner Angst stellen wollte.

Besonders wenn es dann auf dem Weg zum Zelt anders oder gar lauter raschelt als üblich, konnte mir schon mulmig werden. Denn es war davon auszugehen, dass es sich bei diesen Lauten nicht um ein Stachelschwein handelte, sondern um ein größeres Tier. Dazu kam, dass die Phantasie einem Streiche spielte und man sich sofort vorstellte, dieses große Tier würde einen angreifen. Mein Unbehagen stieg also punktuell in mir auf, dann, wenn ich ein Geräusch nicht eindeutig zuordnen konnte. Insbesondere an Tagen, wenn es mir nicht so gut ging, nahmen solche Ängste ungeahnte Dimensionen an.

Rein rational wusste ich natürlich, dass nicht hinter jedem Rascheln in der Dunkelheit ein gefährliches Raubtier steckt. Im Gegenteil: Raubtiere machen vor ihrem Angriff in der Regel gar keine für menschliche Ohren hörbaren Geräusche. Das gilt übrigens nicht nur für Raubtiere. Einmal waren wir bis auf wenige Meter an Elefanten dran, und auch die, immerhin vier bis fünf Tonnen schwer, verursachten beim Gehen keine Geräusche.

Meine Angst war also ein vor allem abendlicher oder nächtlicher Spontan-Begleiter, und verstandesmäßig gab es nicht viel, was ich dagegen tun konnte, außer logisch dagegen anzuargumentieren. Das änderte aber nichts an dem unangenehmen, leicht lähmenden Gefühl im ganzen Körper, was ich hasste. Also beschloss ich, nicht gegen die Angst zu kämpfen, sondern mit ihr zu arbeiten. Nach dem Motto: Wenn du einen Gegner nicht besiegen kannst, dann lerne ihn zu lieben. Nun habe ich es in meiner ganzen Ranger-Ausbildung nicht geschafft, meine

Angst vor der Dunkelheit zu lieben, aber ich habe gelernt, mit ihr umzugehen und Tag für Tag, Abend für Abend ein bisschen daran zu wachsen.

Spüre ich heute in beruflichen Begegnungen ein Unbehagen, analysiere ich es weitaus intensiver als vor meiner Busch-Erfahrung. Ist es die Person, ist es das, was sie sagt, ist es das Umfeld? Weil ich in Afrika gelernt hatte, dass die Angst oft nur im Kopf sitzt, kann ich jetzt auch besser einschätzen, ob ich sie habe, weil ein anderer eine Situation als angstvoll eingestuft hat: »Der Berg ist viel zu hoch, das schafft man nie.« Im Busch lernte ich, eigenständig eine Begebenheit zu bewerten, und zwar sofort. Ich konnte nicht darauf warten, ob mir der Ranger sagt, jetzt ist es gefährlich, der Elefant wird angreifen. Ich musste selbst herausfinden, wie hoch die Wahrscheinlichkeit ist, dass er es tun wird. Dazu hatte ich eine Menge an Bewertungskriterien. Eines davon: War es ein Männchen oder ein Weibchen? Manche Männchen haben einen hohen Testosteronspiegel, was man daran erkennt, dass ihnen seitlich am Kopf eine Flüssigkeit herunterläuft. Das ist ein Zeichen dafür, dass sie in der Brunft sind. In dem Moment, wo man stehen blieb, abwartete und analysierte, relativierte sich oft vieles. Man zog dadurch nicht vorschnell Schlüsse, die dann meist durch das eigene Kopfkino nur verstärkt wurden.

Sicher, auch heute noch bin ich nicht der größte Fan dunkler Streckenabschnitte. Wenn ich in Berlin in einer der Landesvertretungen in der Nähe des Brandenburger Tors einen Abendtermin habe und nach dessen Beendigung ein Stück am Tiergarten vorbeigehen muss, bis ich die S-Bahn erreicht habe, kann sich Angst an mich heranschleichen (wissend, dass dort in den Büschen dank

Drogen, käuflichem Sex etc. nicht die sicherste Nachbarschaft gegeben ist). Aber ich sage dann: »Hallo, Angst, dich kenne ich, aber ich brauche dich nicht!« So höre ich auf, ihr Futter zu geben und sie stärker zu machen. Dennoch würde es mir aber nicht im Traum einfallen, nachts – wie es einige machen – durch den Tiergarten zu joggen. Auch wenn es die einzige Tageszeit ist, zu der ich Zeit für Sport habe. Es gibt ja schließlich noch andere Möglichkeiten für meinen konferenzgeplagten und von Kaffeekonsum geschwächten Managerkörper. Dennoch weiß ich, dass ich durch jede Dunkelheit durchkomme, oder im Zweifel auch einen Weg drum herum finde.

Es sind die eigenen Gedanken und Erinnerungen, die die Angst erst so stark werden lassen, dass sie unüberwindbar scheint. Und Gedanken können wir verändern. Wir müssen nur aufhören, sie zu denken. Klingt einfach, ist aber kompliziert. Aber das Entscheidende ist: Es funktioniert. Probieren Sie es aus.

Die Kunst des Zuhörens oder: Wie ich lernte, die Vögel zu lieben

Wie heißt es so schön? Wenn der Schüler bereit ist, erscheint der Lehrer. Ich bin ganz sicher, in meinem Fall war es so. Bloß dass der Schüler beziehungsweise die Schülerin das nicht wahrhaben wollte. Mein großes Problem von Tag eins im Busch waren die Vögel und die für mich nicht einmal annähernd vorstellbare Fähigkeit, ihre Namen zu wissen, bloß weil man ihrem Gesang zuhört.

Dabei hatte ich schon alles mir Mögliche versucht, um mir die Namen zu merken. Ich hatte mir Eselsbrücken gebaut, lange Listen geschrieben, sie auf Schritt und Tritt herumgeschleppt und wie früher die Spickzettel in der Schule auswendig gelernt. Ich hatte versucht, die Namen zu visualisieren, um sie mir besser merken zu können. Aber mehr als drei, vier Namen wollten einfach nicht in meinen Kopf, von den dreihundert prüfungsrelevanten ganz zu schweigen. Nun habe ich im Alltag auch nicht gerade das allerbeste Namensgedächtnis, aber das hier schlug dann doch dem Fass den Boden aus.

Eines Tages allerdings näherte sich Hilfe aus einer ganz unvermuteten Ecke, und zwar von Robin, der, wie unser Tracker auch, nur hin und wieder im Camp arbeitete, und schließlich zu meinem Lieblingsranger avancierte. Robin, Ende dreißig, schlank und dunkelhaarig, war schier unglaublich geduldig mit mir und bot sich an, wie schon zuvor John, im Anschluss an die Mittagspausen kleine Extrawege zur Vogelidentifikation mit mir zu gehen. Ich sagte nicht Nein, vielleicht besaß er eine Technik, die alle vorherigen in den Schatten stellte. Was sonst blieb mir als Vogelamateur auch übrig?

Und Robin kannte sie alle. Die Kiebitze, Tokos (Nashornvögel), Würger, Bartvögel, Großsporns, Weber und Stare. Mehr als das. Er schien die kleinen Federmonster geradezu zu lieben, und sein Fernglas war immer in Habachtstellung. Es könnte ja einer herumfliegen.

An einem besonders heißen Mittag ist es mal wieder so weit. Robin und ich gehen auf Vogeltour. Wir laufen zu Fuß herunter zum Fluss, denn bei der Hitze sind die Vögel eher in den kühleren Lagen der großen Bäume am Wasser zu finden. Es dauert nicht lange, und die ersten Vögel tippeln zwischen den Felsen des Flussbetts entlang. Ich weiß, es ist eine Schwalbenart, aber welche?

Robin erklärt: »Das Entscheidende bei der Vogelidentifikation ist der Blick auf Farbe und Größe, den Schnabel, den Flug sowie Farbe und Länge der Füße. Und natürlich ist der Gesang wichtig. Auch wo du ihn siehst, kann Hinweise geben. Zum Beispiel diese Weißbartseeschwalbe, sie wirst du immer am Wasser sehen. Sie baut sogar ihr Nest darauf.«

Aha. Weißbartseeschwalbe. Angestrengt blicke ich

durch das Fernglas und starre auf ihren Kopf, in der Hoffnung, so etwas Ähnliches wie einen weißen Bart zu sehen. Aber Fehlanzeige. Auch Robins Info, dass sie außerhalb der Brutzeit der Weißflügelseeschwalbe ähnelt, hilft mir nicht weiter.

Wir haben erst einen Vogel gesehen, und ich bin schon frustriert. Das kann ja heiter werden, denke ich im Stillen, laut aber sage ich: »Wow, die ist ja ganz schön fix unterwegs«, denn die kleine Schwalbe flitzt wie ein aufgezogenes Rennauto zwischen den Felsen hin und her.

Robin ist ob meiner Beobachtungsgabe ganz angetan von seiner deutschen Schülerin. Er meint: »Komm, wir setzen uns dort auf den Felsen in den Schatten, dann können wir auch einfach nur ihre Stimme hören.«

Gesagt, getan. Für mich verschlimmert es die Sache enorm. Denn ohne etwas zu sehen und ohne jeden visuellen Anhaltspunkt bin ich vollkommen verloren. Robin sieht mir anscheinend meine Skepsis an, denn er legt mir die Hand auf die Schulter und sagt aufmunternd: »Du wirst sehen, Vögel sind die wahren Meister der Musik. Magst du Musik?«

Was für eine Frage?, denke ich leicht genervt ob der Aufgabe, die vor mir liegt. Natürlich mag ich Musik. Aber das Getschilpe und Gepiepse von Vögeln als Musik zu bezeichnen käme mir ganz sicher nicht in den Sinn.

»Ja«, sage ich. »Klar. Aber Michael Jackson ist hier wohl nicht unterwegs, oder?«

»Wart's ab«, antwortet Robin breit grinsend. Und als wir auf dem Felsen hocken, fügt er an: »Mach die Augen zu und atme erst mal tief durch.«

Was soll das denn werden? Felsenyoga?

Dennoch: Ich tue wie mir geheißen und schließe die

Augen. Ich bin so unsicher und sauer ob der ganzen Situation, dass auch das tiefe Atmen nichts an meinem hohen Blutdruck verändert. Zudem fühle ich mich unwohl, so mitten im Busch zu sitzen und die Augen zu schließen. Immerhin gibt es doch gefährliche Tiere rundum.

»Sind wir hier denn sicher?«, frage ich Robin leicht ängstlich.

»Ja, keine Sorge. Wir haben ja unsere Ohren. Du musst nur lernen, sie wieder zu nutzen.«

Na denn. Ich versuche mich auf die Geräusche im Umfeld zu konzentrieren, doch anfangs höre ich sehr wenig. Je länger wir aber schweigend dasitzen, atmen und lauschen, habe ich das Gefühl, als ob meine Ohren wie die von Mr. Spock in *Raumschiff Enterprise* unter meiner Baseballmütze herauswachsen. Und tatsächlich kann ich erst Gruppen von Geräuschen, dann einzelne Laute heraushören. Schließlich höre ich auch erste Stimmen von Vögeln, habe aber keinen Schimmer, wer sie sind.

Robin wispert: »Das sind Bronzeflecktäubchen (*Emerald-spotted Wood Doves*). Sie haben einen kleinen grünen Fleck an den Flügeln, und ihr Gesang klingt immer traurig. Wenn du genau hinhörst, wird dir auffallen, dass er sich in drei Abschnitte unterteilt.«

Angestrengt lausche ich, und zweifellos, ich nehme drei verschiedene Tonsequenzen wahr, die zum Ende hin leiser werden. Ob es allerdings traurig klingt, hmmm... Meine Augen sind weiterhin geschlossen.

Robin lässt nicht nach: »Hör genau hin. Das Täubchen sagt etwas sehr Trauriges: ›Meine Eltern sind tot. Meine Schwestern sind tot. Alle sind tot – und ich bin hier allein.‹«

Erstaunt öffne ich die Augen und blicke in Robins mich

gespannt beobachtendes Antlitz. Er sieht mich so an, als ob er die Wirkung seiner Sätze genau feststellen will. Mein verblüfftes Gesicht scheint Bände zu sprechen.

»Das singt sie?«, frage ich etwas dümmlich.

»Ja, schließ die Augen wieder und hör ihr nur zu.«

Ich tue wie mir geheißen und nehme tatsächlich den etwas dumpfen und klagenden Ton der Taube wahr. Und da, völlig überraschend und logisch meinem Managerkopf nicht vermittelbar, höre ich die Worte, nur dass sie irgendwie in den Tönen stecken: »Meine Eltern sind tot. Meine Schwestern sind tot. Alle sind tot – und ich bin hier allein.« Ist das der beginnende Afrika-Wahnsinn? Ich öffne rasch die Augen, und sofort werden die Töne diffuser, erscheinen mir weiter weg. Dennoch: Ich habe die Worte gehört und, weit weg von Deutschland, auf einem Felsen in Afrika hockend, nachvollzogen, wie die Supergehirne im Fernsehen sich Tausende von verrückten Dingen merken können. Ich muss an eine Fernsehsendung denken, die ich als Kind gern gesehen habe: *Am laufenden Band*. Auf einem Fließband liefen da verschiedenste Gegenstände an den Menschen vorbei, und alles, was sie nachher noch benennen konnten, gehörte ihnen. Ich scheiterte immer beim ersten Gegenstand, der mir besonders gut gefiel, meistens Fahrräder, Fernseher oder Reisen. Jetzt, mehr als zwanzig Jahre später, verstehe ich den Trick. Man merkt sich zu einem Ton oder Gegenstand eine emotionale Geschichte, und beides speichert man im Gehirn ab. Später muss man dann nur noch an die Geschichte denken – und der Rest kommt von selbst.

Ich bin begeistert und ab diesem Tag hoch motiviert, das kleine Täubchen mit dem Grün am Flügel irgendwo im Busch zu entdecken.

Auf dem Weg zurück ins Camp erzählt mir Robin noch viele ähnliche Geschichten über Vögel, und oft muss ich dabei lachen, denn manche davon sind so witzig, dass man sie sich einfach merken muss. Etwa die Geschichte von den Webervögeln. Wie die Ägyptischen Gänse und viele andere Vögel leben sie monogam. Sie suchen sich einen Partner, mit dem sie ihr gesamtes Leben zusammenbleiben. Bis dass der Tod euch scheidet – ich finde das irgendwie romantisch, deckt sich das doch mit dem Wunsch vieler Menschen nach bedingungsloser, unendlicher Liebe. Lustig war an den Webervögeln, dass die Männchen sich in der Paarungszeit nicht wie viele andere Vögel (bei den Menschen ist es auch oft nicht viel anders) spreizen, ihr Gefieder aufplustern und den Punk machen, sondern für ihr Weibchen ein Nest bauen. Und wer schon einmal Nester von Webervögeln auf Fotos gesehen hat, weiß, dass sie aus trockenen Grashalmen gemacht werden – ein Halm wird mit dem nächsten so kunstvoll verwoben, dass am Ende unten eine kleine Öffnung übrig bleibt. Wochenlang bauen die Männchen an so einem Ding. Ist es fertig, ziehen sie los und suchen ein Weibchen. Mit lautem Flügelschlagen versuchen sie es dann in das Nest zu locken. Fliegt es mit, schaut es sich erst einmal kritisch das Nest an. Gefällt es der Begehrten, verschwinden beide im Nest und paaren sich. Gefällt es nicht, macht das Weibchen es kaputt. Die Vogeldame zerhackt es, bis die einzelnen Halme nach unten fallen. Völlig fertig von dieser Aktion, beginnt das Männchen aber sofort, ein neues Nest zu bauen – während sie ihm dabei zuschaut. Schließlich ist sie es, die das neue Bauwerk irgendwann akzeptieren muss. Manchmal geht das Prozedere für den Werber aber mehrfach wieder von vorne los. Das und viele andere von Robins Vogelgeschichten finde ich so bemerkenswert, dass ich, als wir schließlich im Camp ankommen, fast der Meinung bin, dass es auch mir möglich sein wird, den Vogelteil der Prüfung zu bestehen. (Es ist ein ähnliches Verfahren, wie sich die spannenden Aspekte von Mistkäfern und Termiten klarzumachen.)

Robin danke ich von Herzen und sage: »Jetzt liebe ich Vögel.« In diesem Moment meine ich es sogar genau so, und noch Monate später kann ich den Gesang meines ersten gefiederten Täubchens jederzeit mental abrufen und im Inneren hören. Den Bau eines Webervogels jederzeit erkennen. Das ist besonders lustig, wenn ich in Berlin zwischen Kanzleramt und Reichstag stehe, auf dem Weg ins Fernsehstudio, eingezwängt zwischen Schwärmen von Touristen, und vor meinem inneren Auge diese wirklich hübschen Vögel sehe.

# Lektionen fürs Leben
TEIL 1

Manche Dinge vergisst man nie mehr in seinem ganzen Leben, denn sie haben entweder mit starken Gefühlen zu tun, oder sie verändern den Menschen, und er ist ab diesem Moment nicht mehr der gleiche. (Oft passiert natürlich auch beides gleichzeitig.) Meine amerikanischen Berater-Kollegen nennen diese Momente »*defining moments*«, und ich liebe diesen Begriff, beinhaltet er so schön bildlich, was gemeint ist: Einen Moment, der einen Menschen/ein Leben definiert/prägt.

Überhaupt, finde ich, hört (und fühlt) sich vieles im Englischen viel gefälliger und melodischer an als der entsprechende deutsche Ausdruck. Nehmen Sie zum Beispiel den Vogel *Lilacbreasted roller*. Im Deutschen heißt er: Grünscheitelracke. Schon ein Unterschied, oder?

Mein *defining moment* kam, als unser bisheriger Ranger John einen freien Tag hatte, und dafür war am Abend vorher Ersatz gekommen. Und dieser Ersatz sah so aus, wie man sich das Klischee eines hartgesottenen Rangers vorstellt: groß, stämmig, kurz rasierte Haare, militärischer gefärbter Ton, tätowierte Unterarme, Bierbauch und mit einem Cowboyhut auf dem Kopf (statt der sonst eher üblichen beigefarbenen Baseballmütze), an dem verschiedene Vogelfedern stecken.

Vielleicht hätte mich bereits dieser Aufzug skeptisch machen sollen, aber nachdem Tom seine offensichtlich geringe Begeisterung, dass eine Frau Teil seiner Truppe des nächsten Tages war, so unverhohlen am Abend nach einem ersten prüfenden Blick in unsere Lagerfeuer-Runde gezeigt und dies noch mit einem wenig frauenfreundlichen Witz gekrönt hatte, hatte ich bereits spontan entschieden, meine Idiotentaktik Nummer eins anzuwenden: ignorieren. Damit kann diese Art von Männern allerdings auch nicht umgehen. Das war mir aber egal. Auch beruhigte ich mich bei dem Gedanken, dass er nur einen Tag als Ersatz bei uns sein würde. Ein Tag geht schnell vorbei, dachte ich. So kann man sich täuschen.

Der nächste Morgen begann zunächst wie der Morgen vorher auch, mit dem kreischenden Geschrei der Herzinfarktvögel, der den wunderschönen, höchst unterschiedlich zwitschernden Chor anderer Vögel locker übertönte. Die Nacht selber war für mich allerdings anders als sonst verlaufen: Ich hatte krächzende Geräusche gehört, relativ laut, die ich zunächst keinem Tier zuordnen konnte. Dann wurden sie aber abgelöst von einem hohen Kichern und einem langgezogenen heiseren Husten. Und da erkannte ich es: Es war ein typisches Geräusch aus Jugendferienzeiten im Krügerpark: Hyänen.

Wenige Tiere in Südafrika treffen auf so wenig Gegenliebe wie diese Tiere. Ihr schleppender Gang, der nach hinten abgesenkte Rücken und das geifernde Maul wirken auf den Menschen oft abstoßend. Da ich als Kind allerdings alle Tiere toll fand (mit Ausnahme der besagten Spinnen), war das bei mir nicht der Fall. Als Ranger sollte ich später auch noch erfahren, dass diese Tiere weit besser als ihr Ruf sind und im Tierreich eine extrem wichtige Funktion einnehmen, indem sie kranke und verletzte Tiere beseitigen sowie als eine Art Müllabfuhr sämtliche Kadaver inklusive Knochen verspeisen. Tiere, die Knochen fressen können, wow! Dabei sind Hyänen bei Weitem nicht nur Aasfresser, sondern, im Gegenteil, mutige und äußerst starke Kämpfer, vor denen alle anderen Tiere, Löwen inklusive, einen Höllenrespekt haben.

Besagte Hyänen störten auf jeden Fall meine Nachtruhe erheblich, und der dämmernde Morgen, einschließlich Vogelchor, kam früher als erwartet. Unser Super-Ranger, ich nannte ihn im Stillen Clint Eastwood, hatte pünktliches Erscheinen um 5.30 Uhr angeordnet, und ich war, typisch deutsch, überpünktlich am Kaffeetreff im Klassenzimmer.

Kurze Zeit später geht es los, ohne einen zweiten Ranger und ohne Ziel; Ranger nehmen das an, was sich ihnen bietet – ganz im Gegensatz zum Manager, der immer ein Ziel vor Augen hat. Ranger sind in dieser Beziehung ein bisschen wie Forrest Gump (dargestellt von Tom Hanks), der in dem gleichnamigen Film sagt: »Das Leben ist wie eine Schachtel Pralinen, man weiß nie, was man bekommt.« Deswegen muss man vorbereitet sein (Wasser, Erste-Hilfe-Sachen etc.) und das Gewehr stets dabeihaben, man muss präsent sein, alles andere wird sich ergeben.

Wir marschieren im Gänseschritt los, und der Morgen

ist so friedlich, wie es typischerweise nur Morgen- oder Abendstunden eines Tages sind. Ich liebe diese frühen Stunden, und auch in meiner Geschäftswelt bin ich ein begeisterter Frühaufsteher. Hier in Afrika ist um diese Zeit ein Teil der Tierwelt im gemächlichen Aufwachen begriffen, ein anderer (die nachtaktiven) bettet sich allmählich zur Ruhe.

Wortlos, nur unterbrochen von etlichen Hinweisen auf Tierfährten und Vögel durch Clint Eastwood, ziehen wir hintereinander durch die Grassavanne. Natürlich nicht auf den Schotterwegen, sondern querfeldein, was einerseits sehr schön ist, weil noch unmittelbarer, andererseits auch körperlich deutlich anstrengender. Insbesondere dann, wenn man einen schweren Rucksack voller Fotoausrüstung trägt wie ich.

Der Marsch geht gut zwei Stunden durch die Büsche und über Stock und Stein, immer wieder unterbrochen von kurzen Lektionen über Vögel, Pflanzen, Spinnen (igitt!) und alles, was unserem Clint relevant für seine Schüler erscheint.

Die Sonne ist schon recht heiß geworden, und ich spüre, wie mein Körper nach einer Pause verlangt. Wohl wissend, dass das bei Tom nicht gut ankommt, wenn ich danach frage, tue ich es trotzdem. Seine recht einsilbige Antwort: »Dort, auf dem Hügel, machen wir unsere Morgenpause.«

Ich suche mit den Augen einen Hügel, sehe aber nur etwas, das ich als Berg bezeichnen würde. Das konnte nicht sein Ernst sein. Da oben rauf sollen wir steigen? Seine Absichten sind eindeutig, das zeigt schon die Richtung seiner Schritte, und ein Blick auf die anderen gibt mir zu verstehen, dass sie ebenso wenig begeistert sind wie ich.

Kurze Zeit später beginnt der Aufstieg, und im Geiste verfluche ich meine Berliner Fitnessvorsätze, die meist geblieben sind, was sie waren: Vorsätze, keine Taten. Während mir meine Kondition zu schaffen macht, drehen Wilhelm, Sammy und Daniel immer wieder Steine um, angeordnet von Clint Eastwood, um *Flat Rock Scorpions* zu finden. Sie sollen mit zu den größten und längsten gehören, die es weltweit gibt. Ich bin mir nicht sicher, ob diese Art giftig ist wie der Rest der Familie der Skorpione. Aber ich entscheide mich, keinen Stein umzudrehen. Clint empfindet das als weibisch und zollt mir einen grimmigen Blick, trotzdem nutze ich die Suche meiner Skorpion-Fans lieber für Verschnaufpausen. Nach einem gehörigen Aufstieg und einem tatsächlich gefundenen Skorpion sind wir endlich oben, und ich lasse mich ermattet auf einem Stein nieder. Was für ein Tag!

Der wahre Horror sollte aber erst noch kommen. Er beginnt, als wir wieder unten stehen, am Fuße des kleinen Berges. Es ist mittlerweile kurz vor halb elf und mit geschätzten gut 25 Grad schon recht warm. Unser Super-Ranger stört sich nicht daran, er dreht sich zu uns um und sagt: »Stellt euch vor, ich bin von Nashörnern angegriffen und getötet worden, sodass ich euch nicht zurück ins Camp bringen kann. Einer von euch muss das nun übernehmen.« Er deutet auf mich und sagt: »Du fängst an und führst die Gruppe zurück.«

Ich traue meinen Ohren nicht. Ich?

Ganz sicher, so überlege ich, habe ich am wenigsten Ahnung von allen, in welcher Richtung unser Camp liegt. Ich protestiere, aber es nützt nichts. Für mich ist das eine ungewohnte Situation. Ein Nein in meinem sonstigen Managerleben ist ein Nein. Doch hier bin ich nicht in der

Rolle des Alphatieres, sondern muss exakt das machen, was der Ranger sagt.

»Jeder kommt dran«, sagt unser Cowboy und stützt sich ungeduldig auf seinen Gewehrkolben. »Können wir los? Es wird langsam heiß.«

Ich muss an mich halten, um nicht eine zickige »Wer bezahlt eigentlich dein Gehalt«-Frage zu stellen. Krampfhaft versuche ich mich daran zu erinnern, aus welcher Richtung wir auf den Berg zugelaufen waren. Bloß keine Blöße geben! Ich weiß von Anfang an, wie sinnlos dieses Unterfangen ist, blicke aber dennoch konzentriert um mich. Ich habe wirklich keine Ahnung, in welche Richtung ich gehen soll. Bäume, Sträucher, Felsen, puh. Für mich sieht alles gleich aus, und hilfesuchend blicke ich zu den Jungs. Aber die zucken auch nur ahnungslos die Achseln. Verdammt, von wo waren wir gekommen, wohin sollte ich die Truppe führen?

Zögernd und nun ausnahmeweise den bewaffneten Ranger hinter mir (sonst läuft der ja immer vorneweg), stapfe ich los, stocksauer auf mich selbst, dass ich nicht auf unseren Weg aufgepasst hatte. Nicht wissend wohin, mit einem viel zu schweren Rucksack auf dem Rücken und der Verantwortung für ein Team hinter mir (was ebenfalls unter der immer größer werdenden Hitze leidet), trotte ich missmutig voran. Was für eine Symbolik. Alle marschieren einer Person hinterher, die aber dummerweise selbst nicht weiß, wohin es gehen soll.

Verbissen stiefele ich so rund fünfzehn Minuten durch die Büsche, immer auf ein Wiedererkennungszeichen der Natur hoffend und mühsam bestrebt, auf ein wenig vorhandenes Bauchgefühl zu hören. Mal drehe ich nach links, mal nach rechts ab, und allmählich habe ich das

Gefühl, ich laufe im Kreis. Ein unbeschreiblich grässliches Gefühl für jemand, der sein Leben lang versucht hat, geradeaus zu gehen.

Clint Eastwood gibt schließlich irgendwann das Kommando zum Wechsel, aber: neuer Kandidat, gleiches Spiel. Keiner der drei Jungs bringt uns unserem Ziel näher, und nach gefühlten zwei Stunden – tatsächlich war es wahrscheinlich nur eine – sitzen wir mit unserem gemein grinsenden Ranger mit hochroten Köpfen in brütender Hitze unter einem Baum und beratschlagen, wie wir den Weg zurück finden können.

Tom weigert sich immer noch, uns den richtigen Weg zu benennen, demonstrativ hat er sich auf einen Stein gesetzt. Also sage ich: »Wer hat einen Vorschlag, was wir tun können. Vielleicht finden wir auf diese Weise eine Lösung.«

Alle nicken.

»Vielleicht sollten wir probieren«, gibt Brad Pitt zu bedenken, »den Stand der Sonne zurückzurechnen und davon auf die Richtung des Camps zu schließen.«

Der Vorschlag wird einstimmig angenommen, aber am Ende hilft auch das nichts, denn wir können ihn nicht umsetzen. Keiner von uns kann den Stand der Sonne richtig interpretieren.

»Lasst uns zusammen eine Karte auf dem Boden zeichnen, es kann ja sein, dass wir dadurch unsere Orientierung finden.« Die Idee kam von Wilhelm.

Der Einfall ist ebenfalls gar nicht so schlecht, nur bringt er auch keine Erleuchtung.

Mir selbst fällt gar nichts ein, ich bin *completely lost*. Ich zittere vor Wut und Anstrengung, und sogar Sammy (dem auch nichts Gescheites in den Sinn gekommen ist) und Daniel kämpfen mit ihrer Fassung. Wir sind am Ende. Ratlos geben wir auf. Mir kommt die ganze Situation ziemlich grenzwertig vor. Das Wasser in unseren Rucksäcken ist aufgebraucht, wir alle sind körperlich ob der stetig steigenden Hitze am Limit. Clint Eastwood erbarmt sich und entscheidet sich zu helfen, nicht ohne vorherige Maßregelung: »Als Ranger müsst ihr *immer* wissen, wo ihr herkommt und in welche Richtung ihr euch bewegt. Das kann sonst echt ins Auge gehen.«

Ohne ein weiteres Wort steht er samt seinem Bierbauch auf und führt uns ins übrigens nicht weit entfernte Camp zurück. Dass wir stundenlang um ein so nahes Ziel herumgeirrt sind, ärgert mich noch zusätzlich. Wäre ich nicht so kaputt, ich könnte explodieren. Ich bin mir sicher: Wäre dieser Typ länger als einen Tag bei uns geblieben, ich hätte nicht an mich halten können, und zum ersten Mal hätte der Gruppenfrieden wirklich gewankt.

Wir sind alle fix und fertig. Es ist Mittag, gut dreißig Grad, und das späte Frühstück wird sehr schweigsam eingenommen. Jeder hängt seinen Gedanken nach und sortiert seine Gefühle.

Den Nachmittag verbringen wir in unseren aufgeheizten Zelten. Die sonst übliche Theorielektion fällt aus, aber ich bin zu kaputt, um darüber froh zu sein. Dennoch kann ich nicht schlafen. In mir wogen immer noch die Gefühle hoch: Was für ein schreckliches Gefühl, zu führen, aber nicht zu wissen wohin. Ähnlich schlimm ist es, die buchstäbliche Last der Verantwortung zu spüren, wenn man vorne läuft und alle darauf vertrauen, dass man den Weg kennt, aber dies nicht der Fall ist.

Auch spannend für mich: der Unterschied zwischen vorne (Chef) und hinten (Team) laufen. Ich bin über-

Vorsicht, Elefanten kreuzen den Weg!

Erinnerungen an eine glückliche Kindheit in Südafrika mit Spielkameraden, meiner ersten Löwenberührung und meiner Nanny Rosy

Ein Kindheitstraum wird wahr: am ersten Morgen im Krüger-Nationalpark mit meinen anderen Rangern in spe Sammy, Wilhelm und Daniel *(von links nach rechts)*.

Ein letzter Blick auf meinen Blackberry »Ben«, dann heißt es freimachen von allen zivilisatorischen Annehmlichkeiten, wozu auch ein festes Dach über dem Kopf zählt.

Kurz vor Sonnenuntergang im Nachtlager

Am Flussbett vor unserem ersten Lager bauen wir ein Behelfsbadezimmer in der Wildnis (rechts unten im Gespräch Ranger Robin).

Auf einer unserer Fahrten durch den Park hätte ich diesen »unsichtbaren« Löwen beinahe übersehen.

Das Sichten von Giraffen zählt zu den wenigen einfacheren Aufgaben einer Ranger-Ausbildung.

Begegnungen mit einer Elefantenkuh samt Jungem, Zebras, dem Geparden Intombi, Löwen- und Hyänennachwuchs und einem Kaffernbüffel mit Red Oxpeckern

– nicht nur für leidenschaftliche Fotografen unvergessliche Erlebnisse.

Am Anfang stand der Schock, 300 Vögel erkennen zu müssen.

Doch nach und nach öffnete sich der Blick auf die kaum fassbare Vielfalt und Schönheit der südafrikanischen Vogelwelt.

Reiz und Tücken des Offroad-Fahrens

Selbst ist die Frau: am Wagenheber, bei Schießübungen und beim Entfernen von überraschenden Hindernissen auf der Fahrbahn.

Intombi und ich

Kleine Fährtenkunde: Spuren eines Löwens, einer Giraffe, eines Nashorns und eines Elefanten (am Marula Baum)

Wildnis hautnah: Löwen und Elefanten aus nächster Nähe betrachtet

Blick über die üppige Vegetation des Krüger-Nationalparks

Letzte Prüfungsvorbereitungen: beim Picknick am Prüfungstag und Memorieren im Schul-/Essraum

Geschafft!

Am Tag der Abreise: Mein Ranger-Rucksack wird mich auch zu Hause immer daran erinnern, unnötigen Ballast zu vermeiden.

zeugt, dass dies ein wunderbares Chef- und Mitarbeitertraining ist, und mir wird klar: Ich habe an diesem Morgen meine Lektion gelernt! Und das, was ich da erlebt habe, passiert mir nie wieder! Ab sofort achte ich auf den Weg und das Ziel – und das hoffentlich im Busch wie im Leben. Mit diesem festen Vorsatz schlafe ich dann doch ein und werde erst wieder wach, als sich die Nachmittagssonne rot verfärbt. Es muss gegen vier Uhr sein. Ben gibt mir recht.

Lektionen fürs Leben
TEiL 2

Die Erfahrung des Gewaltmarsches ins Nirgendwo nagte immer noch an mir, als sich bereits die zweite Lektion fürs Leben bei mir andeutete. Die Sache mit dem Gepäck.

Man muss kein großer Philosoph sein, um sich vorstellen zu können, dass das Gepäck eines Menschen auch sinnbildhaft für den Ballast verstanden werden kann, den er so mit sich herumträgt. So hatte ich es allerdings nie betrachtet. Für mich war mein Rucksack im Busch beziehungsweise meine Handtasche in Berlin eher ein Mittel zum Zweck. Und der Zweck hieß, ganz klar: auf alle Eventualitäten vorbereitet sein. Entsprechend groß und schwer sind meine Gepäckstücke, und viele Männer, die mir charmanterweise schon mal beim Treppensteigen angeboten hatten, mir meine Laptoptasche abzunehmen, sodass ich nur meine (ebenfalls große) Handtasche zu tragen hatte, waren bass erstaunt ob des Gewichts dieser Tasche. Schließlich warnte ich immer vor: »Nett von Ihnen, aber die ist echt schwer.« Das glaubte mir natürlich nie jemand, aber in den erstaunten Gesichtern konnte ich es dann ablesen – und war einmal mehr bestätigt: Aktenberge, Laptop, Kabel, Wasserflasche, Zeitungen, Zeitschriften und anderer Kleinkram wiegen viel. Und das Gleiche gilt für Kameras, Objektive, Fernglas, Verbandskasten, Sonnencreme, Safariführer, Blackberry und Pullover. Mein Rucksack war richtig gewichtig, nur dass mir im Busch natürlich niemand anbot, ihn zu tragen, denn alle hatten eigene Rucksäcke. Die waren nur kleiner und leichter.

In Südafrika verstand ich allerdings, dass es keine perfekte Vorbereitung gibt und Perfektion eine Illusion ist, für die sich insbesondere die Menschen begeistern, die so hohe Ansprüche an sich selbst und ihr Umfeld stellen, dass sie einen guten Grund haben, nie ganz zufrieden zu sein. Zu diesen Menschen gehörte ich.

In meinen Wochen im Busch lernte ich also, dass man den allergrößten Teil seines Gepäcks in der Realität des Tages gar nicht benötigt (in seiner gedanklichen Welt aber schon). Leider nur war mein Weg bis zu dieser Erkenntnis und seiner Umsetzung höchst mühsam, und es dauerte, glaube ich, insgesamt fast drei Wochen, bis mein Rucksackinhalt zumindest auf ein Gewicht reduziert war, das mein Leben in der Wildnis und vor allem die stundenlangen Fußmärsche deutlich einfacher machte. Und siehe da: Es ging auch mit weniger Ballast, eine hochspannende Erfahrung für mich.

Am Ende habe ich das nur in kleinen Schritten gelernt. Denn jeden Morgen, wenn ich den Rucksack packte, stellte ich mir die gleiche Frage: Was brauche ich heute? Und jedes Mal packte ich als Antwort dieselben Dinge (siehe oben) ein und schleppte die Konsequenz meiner Entscheidung drei Stunden auf dem Rücken, worunter dieser, meine Schultern sowie meine gesamte körperliche Fitness zu leiden hatten. Ich war keine Extremsportlerin, und ansonsten war ich eher damit vertraut, über Flughäfen und Konferenzflure zu hetzen, nicht über Stock und Stein zu stolpern oder schnaufend über Felsen zu klettern. (Jammern kam jedoch nicht infrage, hatte ich mir ja alles selbst ausgesucht.) Wie auch immer: Die Macht der Gewohnheit hatte mich dennoch fest im Griff. Eines Morgens veränderte ich aber die Regeln meiner Gewohnheiten und fragte mich: Was aus deinem Gepäck hast du gestern benutzt? Auf was willst du nicht verzichten? Und nun fiel die Antwort anders aus. Wer andere Fragen stellt, erhält andere Antworten, so einfach ist das.

Meine neue Frage zeigte mir: Ich hatte nur das Wasser, die kleine Kamera und den Pullover (morgens war es ja noch kalt) benutzt. Alles andere nicht. Das bedeutete aber leider noch nicht, dass ich nun den Rest ohne Weiteres weglassen konnte (Verbandszeug beispielsweise). Das ließ mein Managerkopf nicht zu. Um es kurz zu machen: Ich lernte langsam, sehr langsam. Und es fiel mir unendlich schwer. Aber nach vielen Fußmärschen, in denen mich das Gewicht meines Gepäcks einfach zu sehr belastete, begann ich morgens erst einzelne, dann immer mehr Dinge auszupacken und in meinem Zelt zurückzulassen: Sehr erstaunt stellte ich dann fest, wie gut es sich nicht nur anfühlt, loszulassen, sondern wie gut es sich auch anfühlt, mit weniger Gewicht durchs Leben zu gehen. Und dieser langwierige Lernprozess war für mein Leben ein extrem wichtiger.

Am Ende meines Afrika-Abenteuers hatte ich nicht nur die Frage meines Rucksacks beantwortet, sondern etlichen Ballast meines bisherigen Lebens hinter mir gelassen. Bildhaft gesprochen: Ich hatte beschlossen, bestimmte Erfahrungen und Verletzungen nicht mehr in meinen täglichen Rucksack einzupacken. Denn sie helfen mir nicht, im Gegenteil. Sie belasten mein Leben im wahrsten Sinne des Wortes und verhinderten neue Erfahrungen. Ich glaube, dass es jedem Menschen ein Stück weit so geht. Wie heißt es so schön? Jeder trägt sein Päckchen. Nun, meines war groß, aber dank meines Rucksacks lernte ich, es Schritt für Schritt zu verkleinern, und am Ende hatte ich meine Lektion verstanden. Jeder kann entscheiden, was er aus seinem Rucksack auspackt. Jeder kann einen neuen Fokus setzen. Und: Danach geht es einem nicht nur viel besser, danach fällt auch jeder Schritt in die Zukunft leichter.

Lektionen fürs Leben
TEIL 3

Eng verbunden mit dem morgendlich stattfindenden und lange andauernden Kampf gegen das Gewicht meines Rucksacks stand immer der Wunsch, für jede Eventualität »da draußen« gerüstet zu sein. Ob Wassermangel, Hitze, Sonnenbrand, Verletzung oder Tierrecherche: Der Inhalt meines Rucksacks, so meinte ich, würde mich für den Fall des Falles gut rüsten. Dieses Wissen war mir auch enorm wichtig, beruhigte es doch meine Nerven im Sinne von: Dir kann nichts passieren, du bist ja vorbereitet. Und eine der ersten Grundlektionen, die wir Ranger-Schüler lernten, war tatsächlich der korrekte Mindestinhalt des Marschgepäcks. Der bestand aus 1,5 Litern Wasser, Sonnencreme, einem Erste-Hilfe-Paket, Fernglas, Kopfschutz, Taschenlampe und Taschenmesser. Hätte da in der Prüfung etwas gefehlt, hätte es einen Punktabzug gegeben; aber das konnte mir natürlich nicht passieren. Mein Problem war ja wie im echten Leben nicht das Zuwenig, sondern das Zuviel, das hatte ich schon nach wenigen Tagen in der Wildnis begriffen. Ich beruhigte mich aber stets mit dem Gedanken, dass es eben einen Unterschied zwischen sehr guter, guter und mittelmäßiger Vorbereitung gibt. Und ich wollte natürlich eindeutig in den Top-Bereich gehören. Unter der Konsequenz daraus, dem Ballast meines Rucksacks, litt ich allerdings bekanntermaßen lange.

Nun ist die Vorbereitung auf ein mögliches Ereignis eine Sache, das Eintreten eines solchen und die eigene Reaktion darauf eine völlig andere, und das erlebte ich hautnah in etlichen Situationen in der Wildnis. Mein Augenmerk dort liegt als begeisterte Hobbyfotografin auf dem Einfangen des grandiosesten, des spannendsten, des schönsten Moments, den die Natur bietet: die Elefantenkuh bei der Liebkosung ihres Nachwuchses, die Löwenmännchen im Kampf um ein Territorium, der Giraffenbulle auf der hufschwingenden Flucht. Und genau dafür schleppte ich Tag für Tag hochdiszipliniert meine Fotoausrüstung, gegen alle wohlmeinenden Ratschläge der anderen, mit in den Busch. Nur leider, und das lernte ich ebenfalls erst nach Wochen, war die traurige Tatsache aber: Mein am schwersten wiegendes Gepäckstück kam so gut wie nie zum Einsatz – und schon gar nicht in den Situationen, die ich mir immer dafür ausgemalt hatte. Warum? Weil es, wie gesagt, den perfekten Moment nicht gibt. Ebenso wenig wie die perfekte Vorbereitung darauf.

Das echte Leben sieht anders aus und erfordert den freien Umgang mit dem, was wir haben. Eine hundertprozentige Vorbereitung auf eine Situation gibt es nicht. Es bleibt immer eine Lücke, die wir dann mit Intuition, Glück und Spontanität lösen müssen. Und eben deswegen ist auch die Frage lohnenswert, wie hoch man seine Ansprüche setzt. In meinem Beruf liegt der Standardanspruch an Mitarbeiter und einem selbst bei mindestens 120 bis 150 Prozent. Die Wahrheit ist: Die alles entscheidende Leistung ist nicht die der Vorbereitung, sondern die in dem Moment, wo es darauf ankommt. Und während im einen Bereich achtzig Prozent ausreichen, kann man in einem anderen nur auf hundert Prozent plus hoffen. Dauertopleistung funktioniert nicht. Selbst ein Gepard, mit 75 bis hundert Stundenkilometer das schnellste Säugetier der Welt, hält diese Hochgeschwindigkeit nur ein paar Hundert Meter durch.

Was meine eigene Erfahrung mit den perfekten Momenten anbelangt: In meinen Wochen in Südafrika habe ich Hunderte beeindruckender und traumschöner Augenblicke erleben dürfen, aber die wenigsten davon konnte ich digital erfassen. Das schmerzt umso mehr, als meine vorherigen Maßnahmen für ebendiese Momente ziemlich gut waren. Diese nützten dann aber dennoch zu wenig: Bei den Ultra-Szenen der grandiosen Natur war entweder die Kamera nicht griffbereit, oder es war zu gefährlich, den Rucksack zu öffnen. Manchmal war das falsche Objektiv montiert, manchmal das Licht nicht optimal. Immer stand etwas anderes meinem perfekten Bild entgegen, und so lernte ich gezwungenermaßen: Im Moment des Moments verläuft das Leben anders, als man es sich vorstellt – und das Beste, was man tun kann, ist, das zu akzeptieren. Und: den Moment dennoch zu genießen.

Ja, am Ende habe ich meine kämpfenden Löwen erleben, die pure Kraft der Prankenhiebe und den aufwirbelnden roten Sand der gut Zweihundert-Kilo-Körper aus weniger als fünfzig Metern atemlos beobachten dürfen. Nur gibt es kein Foto davon, trotz meiner Mega-Vorbereitung. Aber wahrscheinlich ist es eine typische Eigenschaft des Managers, von der Mutter bis zum Spitzenpolitiker, immer vorbereitet sein zu sein wollen, um dann das Richtige für sich und andere zu tun. Die Wahrheit der Ranger, dass es keine perfekte Vorbereitung gibt, macht Alltagstiger wie mich zunächst etwas nervös, aber dann befreit sie auch enorm.

Abgesehen davon empfehle ich jedem Hobbyfotografen in allen Fotosituationen, in denen wir gierig Hunderte von Aufnahmen mit verschiedenen Objektiven und Belichtungszeiten schießen, die Kamera zwischendrin mal absichtlich zur Seite zu legen, so schwer es auch fällt. Nur so kann man die Situation bewusst und nicht nur durch einen Sucher sehen. In diesen Momenten erlebte ich mit allen Sinnen und nicht nur mit dem Auge. Das intensivierte alles – und machte einen Riesenunterschied aus. Zwar fiel es mir enorm schwer, den bisher üblichen und lange Jahre geübten Griff zur Kamera nicht auszuführen, aber als ich eben dazu in etlichen Konstellationen gezwungen wurde, war ich dankbar für die dann folgende Intensität der Erfahrungen, die ich heute zwar nicht mehr digital abrufen kann, aber die in meinem Herzen unauslöschbar gespeichert sind.

# Elefanten: Giganten mit ungeahnten Talenten

Es gibt wenig Situationen im südafrikanischen Busch, die Touristen mehr faszinieren als die Begegnung mit Elefanten. Die pure Größe und dennoch fast anmutige und vor allem lautlose Bewegung dieser vier bis sechs Tonnen schweren Riesen ist allein schon beeindruckend. Für mich sind Elefanten seit jeher weit mehr als nur Inbegriff und Kultsymbol Afrikas. Das größte und schwerste Tier auf der Erde übte schon als Kind eine unerklärliche Faszination auf mich aus. Wenn ich mit meinen Eltern im Krügerpark unterwegs war (heute leben dort ungefähr zwölftausend Elefanten), konnte ich mich nicht sattsehen an den elegant-stetigen Bewegungen der Herden, angeführt von sanft den Kopf wiegenden Matriarchinnen, die durch den Busch zu Wasserlöchern wanderten. Oftmals waren Kälber dabei, immer in unmittelbarer Nähe von älteren Elefanten, die mit großem Beschützerinstinkt und häufigen zärtlichen Berührungen mit dem Rüssel stets Kontakt zu den Kleinen gehalten haben.

Als angehender Ranger gut dreißig Jahre später waren Begegnungen mit den Riesen Afrikas deswegen tagtäglich ein von mir heiß herbeigesehntes Highlight, und jede einzelne Begegnung, ob zu Fuß oder auf dem Jeep, war für mich grandios.

Natürlich ist das Entdecken von Elefanten, wenn man zu Fuß unterwegs ist, nochmals um ein Vielfaches beeindruckender, als wenn man den geschützten Metallpanzer eines Autos um sich herum weiß. Die Gerüche und unmittelbaren Geräusche, die sonst vom Dröhnen des Dieselmotors überdeckt werden, sind dann eine Seite der Medaille. Die andere Seite besteht aus dem eigenen Körper. Instinktiv weiß jeder Körper um die ihn latent umgebende Gefahr und schüttet Adrenalin aus, situationsabhängig mal mehr, mal weniger. Und er ist immer hellwach, bis in die Fußspitzen angespannt. Und auch wenn gerade keine unmittelbare Tierbegegnung stattfindet, wer im Busch zu Fuß unterwegs ist, spürt die Natur mit jeder Faser seines Körpers.

Mein Körper reagiert bei Zu-Fuß-Begegnungen mit den Tieren Afrikas nach einem immer gleichem Muster, und mir ist nicht ganz klar, wie viel von diesem Muster vom Verstand gesteuert wird und wie viel vom Unterbewusstsein. Auf jeden Fall reagiert er ganz brav nach Ranger-Regel Nummer eins. Er denkt gar nicht an ein Weglaufen. Er hält in der Bewegung inne, schüttet Massen von Adrenalin aus und bewegt sich für gefühlte Minuten (in der Realität sind es aber wohl nur Sekunden) keinen Zentimeter mehr. Das klingt vielleicht nach einer Angstreaktion, ist es aber nicht. Während sich alle meine Sinne vollkommen auf das Objekt der Begegnung fokussieren, empfinde ich keine Angst, sondern nur eine unglaubliche Faszination, die dazu führt, dass ich jedes Detail der Begegnung wie in Zeitlupe erlebe und stundenlang in der Situation bleiben kann. Die Farbe und der Geruch des Tieres, seine Augenfarbe und der Ausdruck in den Augen, jede Bewegung, jede Einzelheit des Fells oder der Haut. Ich liebe es. Bei Elefanten- und Raubkatzenbeobachtungen ist mein akribisch genaues Detailwissen so groß, dass ich in meiner Gruppe oft auf ungläubiges Staunen stoße. Mein Unwissen bei Käfern, Spinnen, Schlangen und Vögeln steht dann allerdings in krassem Gegensatz dazu. Ich kann damit gut leben, aber meine Ranger entzückt dieser Umstand nicht, denn ein guter Ranger, so wird mir wiederholt gesagt, begeistert sich für alle Tiere und Pflanzen. Der gute Rat an mich ist deswegen, beim Lernen für die vielen nahenden theoretischen Prüfungen auf ebendiese Kleintiere ein besonderes Augenmerk zu legen.

Nebenbei gesagt: Ich halte die Regel, alles toll zu finden, für vollkommenen Unsinn. Jeder Mensch, jeder Manager und jeder Ranger hat Vorlieben, und ich glaube, Topleistung entsteht dort, wo sich das, was man tut, mit der Leidenschaft, die man in sich trägt, verbindet. Und meine Leidenschaft für Spinnen und Co. hält sich eben in Grenzen. Aber ich beschließe, das nicht weiter zu thematisieren und einfach gute Miene zum bösen »Ach, ist diese Spinne toll«-Spiel zu machen. Hauptsache, ich sehe genug Katzen und Elefanten.

Was die Elefanten anbelangt, bin ich mir nicht sicher, was mich mehr begeistert, das Wissen um schier unglaubliche Fähigkeiten ihres Körpers, zum Beispiel das schon erwähnte lautlose Gehen trotz des enormen Gewichts, oder die für den Menschen nicht hörbaren Kommunikationsfrequenzen, die über Distanzen von mehr als zehn Kilometern von anderen Elefanten empfangen werden können. Oder ist es die hohe soziale Kompetenz der grauen Giganten? Die Gesellschaft der Elefanten ist ähnlich wie die der Menschen hochkomplex und hat strikte Verhaltensvorgaben, die durch tägliche Rituale gestärkt werden. Geführt wird eine Herde von der ältesten Elefantenkuh, der Matriarchin. Ihr folgt die Herde bedingungslos, auch in Zeiten großer Dürre oder Trockenheit. Elefanten müssen täglich trinken (um die hundert Liter und mehr), und auch die enorme Nahrungszufuhr von gut dreihundert Kilo pro Tag will sichergestellt werden. Entsprechend wertvoll sind die Kenntnisse (zum Beispiel die Lage von Wasserlöchern) der Matriarchin, denn sie entscheiden über Leben und Tod ihrer Herde. Im Gegensatz zu uns Menschen wird der Ältesten der Herde großer Respekt entgegengebracht, und ihr Wissen wird wie ein kostbares Gut von Generation zu Generation weitergegeben. Auch der Jugend kommt eine ganz besondere Rolle zu. Da Elefantinnen 22 Monate – das sind fast zwei Jahre! – trächtig sind und sie auch nur frühestens alle vier Jahre gebären, wird der Nachwuchs der Herde als extrem wertvoll betrachtet. Mindestens zwei Jahre wird das Kalb intensiv von der Mutter, aber ebenso von allen anderen Herdenmitgliedern beschützt, begleitet und belehrt. Aber auch danach endet der Lernprozess nicht. Durch täglich ausgeführte Rituale wie Sich-mit-Sand-bestäuben und Spiele im Wasser werden wichtige Dinge des Lebens und der Sozialordnung immer wieder manifestiert. Und selbst wenn junge Bullen in der Pubertät mit zirka zwölf Jahren die Herde verlassen, formen sie neue Gruppen, die in der Regel von einem alten und erfahrenen Bullen begleitet werden. Lebenslanges Lernen, ein Paradebeispiel aus der Tierwelt.

Viele Gerüchte und mystische Erzählungen ranken sich um Elefanten. Es wundert mich nicht, denn beobachtet man diese majestätischen Tiere, so hat man den Eindruck, als ob sie nicht nur mit sich, sondern ebenfalls mit einer höheren Kraft im Bunde sind. Ihre Ruhe und Gelassenheit, aber auch die von ihnen stets geleistete Hilfe für verletzte oder kranke Tiere der Herde berührt Menschen auf eine ganz besondere Art und Weise. Nicht wenige Geschichten ranken auch um Elefantenfriedhöfe (ein Ort, an den sich Elefanten zum Sterben zurückziehen). Und obwohl das nie belegt wurde, so sind doch öfter die Trauerbekundungen von Elefanten dokumentiert, die tage- und wochenlang von toten Mitgliedern der Herde durch Rüsselberührungen oder auch später das Aufheben und Abtasten von Knochen Abschied nehmen und ganz offensichtlich bekümmert sind.

Für mich sind Elefanten wunderbare Beispiele für eine optimale Verbindung von Macht und Gelassenheit, von Kraft und Sensitivität, von Führung und Vertrauen. Auch stehen sie für mich für eine perfekte Nutzung der eigenen Fähigkeiten. Elefanten sehen beispielsweise relativ schlecht. Ihr Auge ist ungefähr nur so groß wie das des Menschen, was an dem gigantischen Tier natürlich zwergenhaft wirkt. Aber ihre gerade mal fünfzig Meter weit reichende Sicht wird mehr als ausgeglichen von ihrem exzellenten Gehör mit den riesenhaften Ohren (ein einzelnes Ohr kann bis zu zwanzig Kilo wiegen!) und dem überaus guten Geruchssinn, der durch den höchst flexiblen Rüssel, der in Windrichtung hochgehalten wird, jeden Gegner frühzeitig erkennt.

Die für mich als zu Hause Dauerbeschäftigte aber vielleicht erstaunlichste Eigenschaft der grauen Kolosse ist die des Nichtstuns. Wer die Herdenchefin genau beobachtet, sieht alle paar Minuten, dass sie das, was sie gerade macht, zum Beispiel fressen, unterbricht und mitten in der Bewegung innehält. Dann steht sie für einige Sekunden vollkommen regungslos, und nicht einmal ihr sonst immer leicht zuckender Rüssel wackelt. Auf meine Frage in einer solchen Situation an Dean – wir saßen mit unseren Ferngläsern ungefähr sechzig Meter entfernt hinter Büschen und hatten eine Elefantenherde mit annähernd 25 Tieren im Blick –, warum sie das tut, antwortet er: »Sie konzentriert sich auf das, was ist und wie es ihrer Herde geht.«

Ich war platt über diese Information, und in Blitzgeschwindigkeit wird mir klar, was ich selbst von den Elefanten lernen kann: Einfach mal innehalten und erspüren, wie es den anderen und einem selbst geht. Das funktioniert natürlich nicht, wenn man in einem Termin ein Auge auf die Uhr oder Ben hat und in Gedanken schon beim nächsten Termin ist. Ich beschließe, die Weisheit der Elefanten für mich zu nutzen, und ich bin überzeugt: Ein regelmäßiges Innehalten wird nicht nur mir viel geben. Auch meine Familie, meine Mitarbeiter und Kunden werden davon profitieren. Und wer weiß, vielleicht geht es uns allen dann so wie den Elefanten Afrikas: Wir finden in uns und in der Gruppe eine nie vorher dagewesene Ruhe und Stärke.

Der Alltag im Busch oder: Warum Burnout hier ein Fremdwort ist

In allen Lebenssituationen im Camp erlebe ich auf Schritt und Tritt die Einfachheit des Alltags. Vom fehlenden Strom angefangen bis zum oft mangelnden warmen Wasser. Im Camp leben wir extrem reduziert, und alles, was unseren Alltag zu Hause ausmacht, volle Kühlschränke, Supermärkte, Fernsehen, Internet etc. gibt es hier nicht. Nun war mir das ja aus der Vorablektüre zum Kurs theoretisch bekannt gewesen, aber es in der Praxis zu erleben, macht dann doch einen Unterschied. Erstaunlich für mich ist, wie schnell ich mich daran gewöhnte. In Deutschland und auf meinen Geschäftsreisen bin ich eine ausgewiesene Liebhaberin guten Essens, schicker Hotels, perfekt gekühlter Weine und eleganter Shopping-Tempel. Hier, im Camp, ist nichts von alledem, dennoch wirkt die Schlichtheit auf mich wohltuend. Es vereinfacht auch vieles. Keine morgendliche Frage nach dem, was ich anziehen soll (die Auswahl beschränkt sich auf wenige grüne oder beigefarbene Polo-Shirts und zwei

Hosen), ich muss auch nicht zwischen mehreren Parfums wählen (Parfum ist im Busch ohnehin verpönt, da es die Tiere verschreckt), und es gibt keinen morgendlichen Griff zu Ben, um E-Mails und Facebook zu checken, man könnte ja über Nacht was verpasst haben. Nichts von alledem – und dennoch schön. Unfassbar für jemanden, der sich immer als Großstadttier gesehen hat. Das Erstaunlichste aber ist, dass mir diese wunderbaren Errungenschaften unserer Zivilisation nicht fehlen. Das von mir viel gelobte Kulturprogramm der Metropole Berlin, die morgendliche Lektüre von vier bis fünf Tageszeitungen, die Alltagshektik und der Dauerstau auf den Straßen, die Massen an Menschen auf Gehsteigen und in Shoppingzentren, das Sicherheitsprozedere an Flughäfen oder die Einbindung in die angeblich so wichtigen Themen unserer Gesellschaft, nein, all das fehlt mir nicht. Mir fehlen noch nicht einmal die Statussymbole, für die ich immerhin lange gearbeitet habe.

Was ich vermisse, das sind einige Menschen (logisch) und ansonsten kleine, fast unbemerkte Dinge meines normalen Alltags: eine gute Tasse Kaffee, ein ordentlich gewaschenes Handtuch, Eiswürfel aus sauberen Gläsern. Aber sonst? Mir fällt wenig ein, und das schockt mich geradezu. Schließlich leiste ich ja keine Fünfzig-bis-Sechzig-Stunden-Woche in meinem Beruf ab, um Tausende von Kilometern entfernt festzustellen, dass mir das ganze Brimborium meines beruflichen Alltags nicht abgeht. Ich halte mich weder für einen Aussteiger noch für einen Naturfreak, aber Tag für Tag, Nacht für Nacht verändert sich meine Sicht auf mich selbst und die Sachen, von denen ich fest ausging, dass sie mich ausmachten. Mein geliebter Luxus-Sportwagen zum Beispiel, das schicke Büro und das gemütlich-elegante Zuhause. All das relativierte sich ganz schnell. Und dann wurde mir deutlich, was diese Dinge eigentlich waren: Hübsche Gegenstände, die käuflich zu erwerben sind und an den Orten ihrer Herkunft etwas bedeuteten, aber hier, in dieser Welt, gar nichts.

Hier, in der südafrikanischen Wildnis, kommt es nur auf einen selbst an. Kein Brimborium, keine Ablenkung, nur man selbst. Das ist ein für mich ganz neues Empfinden, denn das, was mir in Deutschland sicher am meisten fehlt, das wurde mir schlagartig klar, ist, Zeit zu haben. Zeit zum Nachdenken, Zeit zum Verarbeiten des Erlebten. Zeit für mich und Zeit für echten Genuss. Das klingt merkwürdig, ist es doch schließlich unser eigenes Leben, das wir Tag für Tag verleben. Und da sollten wir schon Zeit haben, aber ich, das konstatierte ich sehr ehrlich, hatte eben diese Zeit nicht. Hier, zigtausend Kilometer entfernt von meinem normalen Leben, bekomme ich auf einmal bewusst mit, dass der Tag vierundzwanzig Stunden hat und viele dieser Stunden mir selbst gehören. In Deutschland ist das ganz anders. Da verfliegen die Stunden der Tage, schließlich Wochen und Monate wie im Flug, und ein Platz für mich selbst findet sich so gut wie nicht.

In unserem Camp verlaufen aber auch die Stunden, die ich mit anderen teile, ganz anders. Die Lagerfeuerrunden sind nicht zu vergleichen mit den Abenden, die ich mit Freunden zu Hause in Berlin verbringe. Sie sind intensiver, ruhiger, konstruktiver. Ich vermute, dass dies an den unterschiedlichen Rahmenbedingungen liegt, und nehme mir fest vor, nach meiner Rückkehr an den privaten Rahmenbedingungen von Treffen mit Freunden zu schrauben. Natürlich ist schon die sinnliche Qualität eines Lagerfeuers schwer in ein deutsches Wohnzimmer zu holen, und im Dunkeln unter einem großartigen Sternenhimmel zu sitzen ist etwas anderes als rund um einen fein gedeckten, hell erleuchteten Esstisch.

Aber neben den abweichenden äußeren Gegebenheiten wird zudem eine andere, innere Qualität deutlich. Denn Menschen scheinen beim Blick ins Feuer anders zu ticken, scheinen bereit zu sein, Gedanken und Gefühle preiszugeben, die sie sonst, im multimedialen Überfluss unserer Alltagsgesellschaft, nicht von sich geben würden. Die Ranger nennen das Lagerfeuer Busch-TV und haben irgendwie recht damit. Man versammelt sich rundherum und schaut fast gebannt hinein, aber im Gegensatz zum normalen Fernsehen folgt man keiner externen Geschichte, sondern seiner eigenen. In der Dunkelheit der Nacht und der Glut des Lagerfeuers spürt man sich selbst und kann in Ruhe seinen inneren Bildern nachgehen, die aufsteigen, ohne dass man sich gesagt hat: »Heute will ich mal über mich nachdenken.« Es gibt keinen Zwang zum Gespräch, das Gegenteil ist meist der Fall. Ranger sind eher wortkarg denn redegewandt. Aber manchmal spricht man über die Erlebnisse des Tages, hinterfragt Unbekanntes oder hört den dann doch erzählten, oft gruselig-faszinierenden Tiergeschichten zu.

Aber auch Sammy, Wilhelm und Daniel betreiben keinen Small Talk; wenn sie etwas äußern, dann sind es eher Betrachtungen. Ich selbst hatte mir bei meiner Ankunft im Camp vorgestellt, dass in der Einsamkeit viel stärkere Bande entstehen würden, ein intensiver Austausch über das eigene Leben stattfinden würde. Dem war aber nicht so. Kollegialität, Wertschätzung, Humor und Hilfsbereitschaft hatte ich erfahren, auch Mitleid (ob meines zum wiederholten Mal fehlenden Vogelwissens), aber keine Freundschaft. Das lag wohl auch daran, dass körperlich und geistig viel von uns verlangt wurde, jeder deswegen in sich vertieft war und damit ein Vertiefen ineinander kaum zusätzlich möglich wurde.

Dennoch sind die wenigen Gespräche abends inhaltsvoll. Mag sein, dass der Blick ins Feuer zu Tiefe und Ehrlichkeit beiträgt, denn schon nach wenigen Minuten am Lagerfeuer ist man auf einem ruhigeren und tiefgehenden Level.

Einmal sagt unser ewiger Rebell Wilhelm: »Ich werde wieder von meinem Vater abgeholt.«

»Was ist so schlimm daran?«, frage ich nach.

Wilhelm starrt ewig lange ins Feuer, dann wendet er doch noch sein Gesicht zu mir und sagt: »Ich glaube, wir beide müssen miteinander reden.« Mehr nicht. Es ist offensichtlich, dass er Probleme mit seinem Vater hat und ihn der Konflikt sehr beschäftigt. Und die Ruhe der Natur macht ihm klar, was zu tun ist. Ich nicke und dringe nicht weiter in ihn. Das Wichtigste war gesagt.

Und schließlich, jeder entscheidet das Wann für sich, endet der Abend in großer Ruhe. Man macht sich auf den Weg zu seinem Zelt und ist wieder mit sich allein. Ich spüre eine tiefe Gewissheit in mir, dass ich der Natur mehr Raum in meinem Leben geben möchte, und ich weiß, dass die Gefühle, die ich in mir habe, solide und kein kurzfristiger Hype sind. Ich stelle einen Reifungsprozess an mir fest, ohne dass ich ihn bewerte. Das ist typisch für Afrika: Man gibt den Dingen einfach nur Raum und Zeit – und es passiert. In Deutschland kannte ich das nicht.

Kaum ist man auch nur zehn Schritte vom Feuer entfernt, umfangen einen die Geräusche und die Dunkelheit der Nacht wie ein Umhang, und man stellt fest: Obwohl das abendliche Programm im Camp extrem einfach ist und nur aus dem Grillen über dem offenen Feuer und der gemeinsamen Runde besteht, so ist der Abend im Tausend-Sterne-Restaurant unter dem Nachthimmel Südafrikas doch befriedigender und entspannter als mancher Abend im Fünf-Sterne-Nobelrestaurant.

Halbzeit: Der erste (und einzige) freie Tag

Heute ist ein besonderer Tag unserer Ausbildung. Wir haben keinen Theorieunterricht, keine Fahrten in den Busch, keinen Fußmarsch. Es ist ein Samstag – und wir haben frei. Wir können den Tag so verbringen, wie wir das wollen. Natürlich haben John und Dean, wohl nicht ganz uneigennützig, Vorschläge zur Tagesgestaltung gemacht. Sie berichten von einer Kneipe in dem nahe gelegenen Ort Hoedspruit (»nahe gelegen« heißt: gut fünfzig Minuten Fahrt), in der ein Rugbyspiel übertragen wird. Rugby hat in Südafrika einen ähnlich hohen gesellschaftlichen Wert wie bei uns der Fußball. Allerdings stößt dieser Vorschlag auf ebenso wenig Gegenliebe bei mir wie eine Liveübertragung eines Bundesligaspiels in Deutschland. Das mag daran liegen, dass ich als gebürtige Münchnerin es schlicht langweilig finde, immer wieder den siegverwöhnten Bayern zuzujubeln, oder aber daran, dass ich der Meinung bin, die neunzig Minuten Spielzeit weitaus besser verwenden zu können. Selbiges

Ansinnen habe ich auch in Afrika, und es dauert nicht lange, herauszufinden, dass es im selben Ort einen Supermarkt und etliche kleine Geschäfte gibt. Somit steht meine Entscheidung fest: Ich gehe shoppen und mache mir einen »Damentag« in Hoedspruit. Zwar gibt es keine anderen Damen in unserer Gruppe, aber shoppen kann man schließlich auch sehr gut alleine.

Die Aussicht, endlich guten Kaffee und auch Wein kaufen zu können, um dem täglichen Drama um schlechten Kaffee und lauwarmes Dosenbier ein Ende zu setzen, versetzt mich in eine geradezu euphorische Stimmung. Wieselflink biete ich dem Rest vom Team an, ebenfalls ihre Shoppingwünsche zu erfüllen, wenn sie mich auf dem Rückweg von der Bar – wir wollen vor Einbruch der Dunkelheit wieder im Camp sein – am Supermarkt abholen. (Wie sich später herausstellt, eine ausgezeichnete Idee, denn die Anzahl der von mir eingekauften Tonic-Water-Dosen, Weinflaschen und Knabbereien übersteigt die Tragfähigkeit meiner Hände bei Weitem.)

Als wir nach einem für uns unnormal späten Frühstück gegen zehn im Camp aufbrechen, sind alle bester Laune. Wir hören laute Musik im Auto, mehrmals Shakiras Song zur Fußballweltmeisterschaft 2010 in Südafrika, *Waka Waka*, und freuen uns darauf, wieder eine geteerte Straße, Strommasten und die Gesichter von Menschen zu sehen. Wilhelm, Daniel und Sammy, da bin ich mir sicher, freuen sich zusätzlich darauf, in einer vollen Sportlerkneipe ein spannendes Spiel zu sehen, Straußen-Burger mit Pommes zu essen und Unmengen von Zigaretten und Bier zu konsumieren.

In Hoedspruit angekommen, wird mir schnell klar, wie begrenzt hier die Shoppingmöglichkeiten sind. Aber nach gut zwei Wochen ohne jedwede Einkaufschance wirkt die Ansammlung der rund dreißig Geschäfte, Tankstellen und Autoreparaturwerkstätten auf mich wie eine der gigantischen Mega-Malls in Dubai oder Amerika. Zudem hat Ben wieder Empfang, und sofort rödeln Hunderte von E-Mails und SMS über das Display. Was für ein Schock. Das Tonsignal der eingehenden E-Mails nervt mich fürchterlich, und so schalte ich Ben rasch auf lautlos, nicht aber ohne eine SMS nach Hause zu senden. Danach schalte ich den Mail-Empfang aus, eine noch vor wenigen Wochen undenkbare Handlung für mich.

Die Krönung im wahrsten Sinne des Wortes folgt aber, als ich den Supermarkt des Städtchens betrete. Nicht nur, dass er sich in Größe und Sauberkeit mit deutschen Supermärkten messen kann, er bietet alles, was für mich bis vor zweieinhalb Wochen Normalität war, aber im Busch einfach nicht stattfand: Nudeln, frisches Gemüse, Salate, Toilettenartikel, Haushaltsgeräte, Batterien, Getränke, dunkles Brot, sogar meine geliebten Gummibärchen. Mehr als happy schiebe ich meinen Einkaufswagen, zufrieden in mich hineinlächelnd, ganz langsam durch die Regalreihen, von der sonst von mir praktizierten Hektik in deutschen Supermärkten keine Spur. Mit großem Interesse und kindlicher Freude inspiziere ich nationale und internationale Produkte, und als ich im Kaffeeregal meine Lieblingskaffeemarke entdecke (zu einem für südafrikanische Verhältnisse unverschämt hohen Preis), ist meine Laune nicht mehr zu toppen. Zusätzlich zu drei Paketen Kaffee wandert auch gleich ein Porzellanbecher mit einer aufgedruckten Sonne in meinen Einkaufswagen. Das klingt versnobt, ist es aber gar nicht. Kaffee aus den im Camp üblichen Alubechern schmeckt einfach grässlich metallisch. Aber damit ist jetzt für mich Schluss, und als ich eine Stunde später meine gesammelten Schätze, inklusive mehrerer Flaschen eines wunderbaren südafrikanischen Rotweins und vier Gläser zur Kasse rolle, kann ich mir wenig Verlockenderes vorstellen, als am Abend den guten Rotwein am lieb gewonnenen Lagerfeuer zu trinken und dem Konzert der Zikaden zuzuhören.

Wie es sich beim echten Shopping gehört, habe ich für die Jungs, jeden der Ranger und auch für Sandy und Rosi kleine Geschenke gekauft, die ihnen später wieder den Alltag im Busch versüßen sollen. Aus eigener Erfahrung weiß ich, wie sehr man sich manchmal sein Lieblingsgetränk oder einen Snack wünscht, der aber eben nur an freien Tagen und wenn ein Transfer in die Stadt sichergestellt ist, zu beschaffen ist. Für die Köchin zum Beispiel ist eine Dose Sprite oder Cola das Höchste. Im Camp gibt es das zwar, aber eine Dose Cola kostet umgerechnet 50 Cent, und das leistet sie sich sehr selten, und wenn überhaupt, dann nur am Zahltag, und der ist jeweils sonntags.

Einige der Mitbringsel will ich später in meinem Zelt verstecken und manches davon als Dank oder bei schlechter Stimmung als Motivationssteigerung einsetzen. Wie sich herausstellen soll, ist das eine hervorragende Idee, denn die Zeit der Prüfungsvorbereitungen nähert sich mit Riesenschritten, und keinem von uns, nicht einmal den südafrikanischen Jungs, ist an diesem Ausflugstag klar, was damit auf uns zukommt.

Nach einem ausgedehnten Shoppingbummel durch die wenigen angrenzenden Geschäfte (es gibt sogar ein Internetcafé) und dem Schreiben von Postkarten suche ich mir mitsamt meinen Tüten ein schattiges Plätzchen in einem kleinen Lokal und bestelle ein umfangreiches Mittagessen, bestehend aus einem Salat, frisch gebratenem Fisch und wunderbar kaltem südafrikanischen Weißwein. Sogar ein Eis ordere ich hinterher noch. Was für ein Genuss! Wie wunderbar ist das Leben! Ich komme mir vor wie im siebten Himmel und vervollständige höchst zufrieden mein Tagebuch, was im Busch aufgrund fehlendem abendlichen Licht oft gelitten hat. Darin notiere ich weniger philosophische Überlegungen, als das, was ich an jedem Tag erlebt, welche Tiere wir gesehen haben, wie sehr ich meine Familie vermisse und wie es mir geht. Immer noch in Hochstimmung mache ich mich dann zu Fuß auf den Weg zu den anderen, nicht ohne den Besitzer des Lokals zu bitten, meine Tüten gut zu verwahren.

In der Sportbar angekommen, wird es dann noch ganz witzig. Natürlich sind unsere Ranger ebenfalls vor Ort, ist doch auch für sie dieser freie Tag ein Festtag. Gemeinsam schauen wir das Spiel zu Ende, trinken eiskaltes Bier, philosophieren über die Qualitäten einzelner Spieler und fahren schließlich, mitsamt allen abgeholten Tüten, wunderbar erfüllt zurück in den Busch. Als sich die Sonne dann abends der Erde nähert, sind wir noch nicht wieder – wie ja eigentlich geplant – im Lager, aber das stört uns nicht. Im Auto hören wir Simon & Garfunkel und haben das Gefühl, die Welt gehört uns.

Die Nacht unter Sternen

Seit mehr als zwei Wochen ist es den Ranger-Schülern schon angekündigt, aber heute soll es nun passieren: die Nacht im Freien; ohne Zelt und mitten in der Natur. In einem selbst gebauten Lager sollen wir vier Junior-Ranger irgendwo da draußen die Nacht verbringen. Ohne die Annehmlichkeiten des Camps, so heißt es. Ich bin wenig begeistert und denke: Die tun ja gerade so, als ob wir normalerweise in einer Fünf-Sterne-Lodge untergebracht sind. Von welchen Annehmlichkeiten sprechen die, auf die wir zusätzlich verzichten sollen?

Wenige Stunden später soll ich die Antwort erfahren, aber zunächst ist mir nur eines wichtig: unser bewaffneter Begleitschutz.

In möglichst unverfänglich-lockerem Ton frage ich beim Beladen unseres Jeeps mit Schlafsäcken, Wassertanks und Kochzutaten für ein sogenanntes *Bobotie* (das ist eine Art afrikanischer Fleischeintopf mit vielen Gewürzen) unseren Begleiter John, ob er und Dean denn beabsichtigen würden, die Nacht samt Waffe bei uns in unserem selbst gebauten Camp zu verbringen oder ob wir ganz alleine wären. Ich kann nicht feststellen, ob John meine Frage amüsiert. Auf jeden Fall antwortet er mit einem leichten Grinsen, dass sie bei uns bleiben würden, aber von den Nachtwachen ausgenommen sind.

Aha. Nachtwachen. Ich bin noch weniger begeistert und komme mir wieder vor wie im Jugendlager, obwohl ich nie an einem teilgenommen habe und mir insofern gar kein Urteil erlauben kann. Ich war als Kind nicht einmal bei den Pfadfindern gewesen. Dennoch empfinde ich das aufgeregte Vorgeplänkel der drei Jungs am Vormittag unserer Abreise in den Busch als leicht pubertär. Umso emsiger befasse ich mich mit meinen eigenen Vorbereitungen für diese Nacht. Alle verfügbaren Taschenlampen habe ich in den letzten Tagen geladen, und mein Rucksack ist randvoll mit Extra-Essen, Wasser, Moskito- und – Pfefferspray. Letzteres hatte ich mir in Deutschland in einem Campingladen zu meinem persönlichen Schutz vor eventuellen Angriffen von Zwei- oder Vierbeinern gekauft. In der Mitte der Spraydose steht in farbigen Lettern, dass es nur bei Tieren angewendet werden dürfe. Ich muss beim Gedanken lächeln, dass ich, tief in meinem Schlafsack verkrochen, das Pfefferspray umklammere, während eine geifernde Hyänenschnauze an meinem Schlafsack schnüffelt. Ich bin höchst skeptisch, ob sich diese äußerst aggressiven und ausgesprochen durchhaltestarken Kämpferinnen, die locker zwanzig Kilo mehr auf die Waage bringen als ich, von ein bisschen Pfefferspray abhalten lassen. Aus Sicherheitsüberlegungen beschließe ich, das Wissen um Johns Schnarchen (das hatte er abends mal am Feuer erzählt) außer Acht zu lassen und meinen Schlafsack direkt neben seinem (und seiner Waffe) zu positionieren. Ein guter Plan in der Theorie, aber wie sich später herausstellen soll, in der Praxis nicht durchführbar.

Die Sinnhaftigkeit der angesprochenen Nachtwachen leuchtet mir durchaus ein. Denn obwohl auch unser Camp nicht umzäunt ist, so wissen die Tiere sehr genau um die Anwesenheit von Menschen und machen in der Regel einen Bogen um die Mini-Ansammlung von Zelten und Lehmhütten. In der heutigen Nacht wird es aber weder Zelt noch Hütte geben. Wir werden auf mitgenommenen Matten auf dem Boden schlafen, alle ölsardinenmäßig nebeneinander, und der mitgebrachte Schlafsack ist die einzige Trennung zur Außenwelt. Ich will mir gar nicht erst vorstellen, was unter den Matten alles so herumkrabbelt, und entscheide still und heimlich, einfach gar nicht zu schlafen und am Feuer, was angeblich die ganze Nacht brennen soll, sitzen zu bleiben. Eine Nacht unter Sternen, das kann doch ganz spannend sein, versuche ich mich zu motivieren und lasse die an den Vorabenden am Lagerfeuer zum Besten gegebenen Gruselgeschichten von das Nachtcamp umkreisenden Hyänen bei einer anderen Ausbildungsgruppe möglichst reaktionslos an mir abprallen. Zudem tröste ich mich mit dem Gedanken an den von mir am Vortag erstandenen Luxus-Rotwein, der doch in der Lage sein sollte, mich einigermaßen durch die absehbar recht lange Nacht zu bringen.

Als unser Jeep nach gut fünfzig Minuten Fahrzeit über Stock und Stein schließlich die für das Nachtlager ausgewählte Stelle erreicht, sinkt meine Zuversicht allerdings trotz Rotwein und Pfefferspray erheblich. Wir stehen zwar auf einem recht gut überschaubaren Plateau, erst in einiger Entfernung wachsen Mopane-Bäume (Johannisbrotgewächse) und größere Büffeldorn-Sträucher, aber ansonsten ist da, abgesehen von einer sich langsam absenkenden Sonne in Zartrosa, gar nichts. Logischerweise findet sich auf der Anhöhe nichts von dem, was wir als Zivilisation beschreiben: kein Toilettenhäuschen, kein Kühlschrank, kein Tisch. Kaum angekommen, werden wir in zwei Gruppen aufgeteilt. Eine Gruppe sammelt Holz, die andere bereitet das Lager vor. Und, was für eine Überraschung, die einzige Frau der Truppe wird für das Lager eingeteilt. Alte Verhaltensmuster sterben langsam, aber die Vorstellung, so wenigstens kein Holz von widerspenstigen Ästen abhacken oder schwere, oft dornige Äste schleppen zu müssen, tröstet mich. Sollen die Männer doch männlich sein.

Dean und ich rollen währenddessen Matten und Schlafsäcke aus, errichten in einigem Abstand zur Schlafstelle, aber doch noch in Sichtweite, ein Not-Bad, bestehend aus einer mitgebrachten Metallschüssel, einem leicht schmutzigen Handtuch und einer bereits mehrfach benutzten Seife. Toilettenpapier und Spaten lehnen wir an einen toten Baum daneben. Jedes weitere Wort dazu schenken wir uns und machen uns stattdessen an die Essensvorbereitungen. Als schließlich die verschwitzte Boygroup samt Jeep wieder auftaucht, sind Zwiebeln, Kartoffeln und Kudufleisch bereits geschnitten und warten im Topf auf das Feuerholz, das nun geschichtet wird.

Die Sonne färbt sich jetzt rötlich, und die letzte wichtige Aufgabe, bevor es dunkel wird, ist das Befüllen der fünfzehn Petroleumlampen, anschließend ihr Verteilen in einem Radius von ungefähr zwanzig Metern um das Nachtlager und das Lagerfeuer herum. Uns wird gesagt, dass dieser Radius der Sicherheitsradius ist, den wir nachts nicht überschreiten dürfen. Sobald ein Tier auch nur eine Pfote darübersetzt, sollen wir die Ranger wecken. Für mich ist aber klar: Sobald ich etwas sehe oder höre, werde ich John oder Dean wecken, koste es, was es wolle. Den Teufel werde ich tun und warten, ob Herr oder Frau Löwe eine Pfote in unseren sogenannten Sicherheitsradius setzt.

Apropos Sicherheitsradius: Irgendwann die Tage hatte ich ein Gespräch zwischen Rangern mitgehört, die sich über das tragische Ableben von fünf Menschen im Krügerpark unterhielten. Hunger und politische Verfolgung trieben sie dazu, zu Fuß (!) von Mosambik aus durch den Krügerpark zu gehen, in der Hoffnung auf ein besseres Leben im angrenzenden Südafrika. Nun mag es jedem klar sein, was für ein lebensgefährliches Unterfangen das ist, diese Menschen waren aber in ihrer Heimat so verzweifelt, dass sie das Risiko dennoch eingingen. Sie waren tagelang unterwegs und schützten sich nachts mit Lagerfeuer und Dornenästen, die sie in einem bestimmten Sicherheitsabstand um das Feuer gelegt hatten, vor Tierangriffen. Rund um das Lagerfeuer schliefen sie, vermeintlich sicher angesichts der hohen Dornenwände, auch hielten sie wohl abwechselnd Nachtwache. Aber eines Nachts hielt weder Feuer noch Dornenhecke fünf hungrige Löwen von einem Angriff ab. Nur ein einziger Mann überlebte, weil er sich in seiner Panik auf einen nahen Baum gerettet hatte. Das hatten zwei seiner Freunde auch noch versucht, waren aber nicht hoch genug geklettert. Was wenige wissen: Löwen sind weitaus bessere Kletterer, als gemeinhin bekannt ist. Ranger fanden den einzigen Überlebenden erst nach Tagen, sich apathisch am obersten Ast des hohen Baumes festkrallend. Der

Rest seiner Truppe fand den Tod. Trotz Feuer und Sicherheitsradius.

Ich muss an diese Geschichte denken und mich zwingen, nicht dem in mir hochsteigenden Mix aus Panik und Mitgefühl nachzugeben. Ich rede mir ein, dass wahrscheinlich die Hälfte der Geschichte gar nicht stimmt und die andere Hälfte übertrieben worden ist, und versuche mich so zu beruhigen. Das Gefühl aber, dass man bei Raubtieren, die es auf einen abgesehen haben, keine echte Chance hat, bleibt – und soll mich auch die ganze Nacht nicht mehr verlassen.

Als sich die Sonne dann zunächst orangefarben und schließlich dunkelrot von uns und dem Tag verabschiedet, sitzen wir alle rund um das bereits brennende Lagerfeuer auf dem einzigen Luxus, den wir mitbringen durften: winzige weiße Klappstühle. Ich blicke in die Runde und stelle fest: Die anderen Ranger-Schüler sind ebenso angespannt wie ich im Angesicht der nahenden Nacht, ihrer aufregenden Geräusche und des uns umgebenden Kreislaufs von Jagd und Tod.

In Südafrika wird es nach Sonnenuntergang nicht nur schnell dunkel, die Dunkelheit hat auch eine ganz andere Qualität als die deutsche. Nachts wird es stockfinster – und das im wahrsten Sinne des Wortes. Man sieht ohne Taschenlampe oder Feuer nichts, und selbst nachdem sich die Augen an die Dunkelheit gewöhnt haben, umfängt einen die tintenschwarze bodenlose Finsternis wie eine Wasserfläche, in die ein Stein geworfen wurde. Wenn ich mich vom Feuer entferne – und manchmal muss das ja sein, um einem Bedürfnis nachzugehen –, verliert sich der Strahl meiner Taschenlampe schon nach gut zehn Metern in der Tiefe der Nacht, und so sind meine wenigen Abwesenheiten vom Feuer sehr kurzer Natur.

Die Beschreibung des Verrichtens sanitärer Geschäfte angesichts von Dunkelheit und Unsicherheit, immer nur mit einer freien Hand (die andere hält die Lampe), spare ich mir hier und überlasse es der Vorstellungsgabe jedes Einzelnen. Nur so viel dazu: Aus mir wird vielleicht eine Rangerin, aber mit Sicherheit keine fanatische Wildnis-Camperin. Man muss ja nicht alles im Leben mitmachen. Ich finde ja auch Bungee-Sprünge faszinierend, weiß aber tief in mir, dass ich das nicht brauche. Weder zur Selbstbestätigung noch für einen Adrenalin-Kick. Ähnlich geht es mir in dieser Nacht.

Meine zwei Nachtwachen von jeweils eineinhalb Stunden absolviere ich brav und bleibe auch danach noch lange bei der Folgeschicht sitzen, was weitaus angenehmer ist als das grotesk laute Schnarchen meines Schlafsacknachbarn, das mich an meine Großmutter mit gut achtzig Jahren erinnert. Dennoch, irgendwann zwischen schweigend am Feuer getrunkenem Rotwein, regelmäßigem Abschreiten des Sicherheitsradius und akribischem Ableuchten des Umfelds, ist es so weit. Ich sehne mich nach der Horizontalen und schiebe mich erschöpft in meinen Schlafsack.

Während meine Hand nach dem dort versteckten Pfefferspray greift und meine Ohren zum wiederholten Mal das Kichern weit entfernter Hyänen hören, schaue ich ungläubig in den sternenübersäten Himmel. Wie unzählige Diamanten leuchten die Sterne in verschiedenen Helligkeiten und Größen. Der Himmel ist so klar, dass man sogar mit bloßem Auge die Milchstraße sehen kann. Ich frage mich, ob die zahlreichen Seefahrer und Abenteurer der Vergangenheit eine ähnliche Beruhigung beim Blick in das Universum wie ich in diesem Moment empfunden haben. Und während ich noch darüber nachdenke, schlafe ich ein. Ohne Träume und, für mich am nächsten Tag schwer zu glauben, sogar ohne Angst.

Am nächsten Morgen erscheint uns allen die vergangene Nacht wie ein schemenhafter Traum. Unwirklich. Großartig. Faszinierend, aber doch fremd. Wir packen zügig und verlassen unser Nachtlager nach einem wie immer schlechten Kaffee, diesmal im Stehen getrunken. Alle freuen sich auf die nun als Luxus empfundenen Duschen im Camp und ich mich zusätzlich auf die, wenn auch hauchdünne, aber eben doch existierende Wand meines Zelts und die dortige Privatsphäre ohne Schnarch- und Grunztöne etwaiger Nachbarn.

Hyänen, die heimlichen Königinnen der Savanne

Jeden Tag sitzen wir Junior-Ranger nach unserer ersten Spähtour, dem späten Frühstück und der Nutzung des warmen Wassers in den Duschräumen in unserem Klassenzimmer.

Inzwischen muss ich mir mehr und mehr eingestehen, dass sogar etliche Gliederfüßer und andere Insekten, die bei mir auf wenig Gegenliebe gestoßen waren, derart erstaunliche Fähigkeiten besitzen, dass wir Menschen vor Neid erblassen könnten. Beispielsweise die Fähigkeit der Schmetterlinge, sich im Lauf ihres Lebens nicht nur ein Mal (von der Raupe zur Puppe), sondern zwei Mal (das zweite Mal von der Puppe zum Schmetterling) komplett zu verändern. In diesem Prozess häuten sie sich nicht nur mehrfach, weil ihr »Außenskelett« nicht mit dem inneren Wachstum mithalten kann, beachtlich finde ich ist auch, dass sie schließlich, in der Endphase ihrer Metamorphose, zu einem wunderschönen Tier werden. Wir Menschen wiederum scheinen eine eingebaute Resistenz gegenüber

Veränderung zu haben. Dramatische Veränderungen unser Lebens- oder Arbeitsumstände machen uns oft Angst. Und während vielen Menschen ihr »Außenskelett« (die Umstände, in denen sie leben oder arbeiten) bereits schon lange zu eng geworden ist und ihnen als unpassend erscheint, verharren sie doch in ihren Umständen, statt ihrer eigenen Entwicklung (und die geht ja auch immer weiter) neuen Raum zu geben. Da scheint Mutter Natur besser zu funktionieren. Ohne zu reflektieren, ohne negative Emotionen folgen Tiere ihrem natürlichen Weg, und die Veränderung, aber auch Leben und Sterben, ist ein selbstverständlicher Bestandteil davon.

Wir Menschen grenzen gern all diese Gegebenheiten aus unserem Alltag und unserem Zusammenleben aus, und ich frage mich, ob uns das, als Individuen sowie als Gesellschaft, wirklich weiterbringt. Ich habe meine Zweifel. Lächelnd muss ich an einen weit verbreiteten Begriff in meiner beruflichen Welt denken. »Change Management«, das Management von Veränderung. Dafür besteht in Deutschland enorme Nachfrage, die von großen, international agierenden Beratungsgesellschaften befriedigt wird. Da werden dann Consultants herangezogen, die Unternehmen an veränderte Umfelder anpassen sollen, damit sie wieder besser funktionieren. Unternehmen, die sich zum Beispiel mit der Überalterung der Gesellschaft beschäftigen, welche Konsequenzen daraus zu ziehen sind und wie das Unternehmen damit umgehen muss. Vielleicht sollten die einen oder anderen teuren Berater und ihre Auftraggeber im Busch in die Ranger-Schule gehen und sich anhand der Tierwelt wieder bewusst machen, welches enorme Potenzial in jedem einzelnen Lebewesen – auch dem Menschen – liegt.

Denn wer den Wandel wie bei den Schmetterlingen als etwas Natürliches, fortlaufend Passierendes begreift, für den erübrigt sich auch der Bedarf an teuren und extrem langwierigen Veränderungsprozessen, die zum einen oft scheitern, zum anderen im Ergebnis oft künstlich übergestülpt wirken. In der Natur ist der in den Unternehmen oder politischen Organisationen oft mühsam initiierte und umgesetzte Kulturwandel überflüssig. In der Natur ist für jedes Lebewesen klar: Alles verändert sich fortlaufend, alles beeinflusst alles, und wer sich nicht mit verändert, stirbt über kurz oder lang. Veränderung ist bei ihnen Alltag und kein künstlich herbeigeführter Prozess, weil zuvor Veränderung boykottiert oder ignoriert wurde. Menschen entwickeln Strategien, damit alles so bleibt, wie es ist, bei Tieren ist es genau umgekehrt. Leoparden zum Beispiel sind der Inbegriff für Veränderung und Anpassungsfähigkeit. Zur Not fressen sie so gut wie alles, nur um zu überleben. Deswegen wurden Leoparden sogar schon häufig in Großstädten wie Johannesburg gesehen.

Insofern ist es gut, dass ich siebzehn verschiedene Theoriemodule beackern muss, denn zum ersten Mal in meinem Leben wird mir wirklich bewusst, wie sehr die Dinge zusammenhängen: der Klimawandel mit den Niederschlägen, die Niederschläge mit Flora und Fauna, Flora und Fauna mit der Ernährung und der Präsenz verschiedener Tiere – und die wiederum mit dem Leben und Sterben vieler weiterer Generationen. Auch die omnipräsente Verbindung zu dem Menschen, dem größten Nutznießer, aber auch dem stärksten Feind der Natur, wird mir in Afrika klar, und ich schäme mich für unsere Art und den Schaden, den wir der Natur zufügen.

Neben den modulabhängigen Lektionen und langsam stattfindenden theoretischen Prüfungen gibt es auch schon etliche praktische Übungen zu absolvieren, die dann von den Rangern bewertet werden, wobei diese Bewertungen am Ende des Kurses mit in die Gesamtnote einfließen. Eine Praxisübung ist der Themenvortrag, ein Vorgriff darauf, dass Ranger abends in den Camps für ihre Gäste Vorträge halten, oft untermalt mit Dias oder Fotos. Das soll nun geübt werden, und mein Kalkül ist klar: Bei dieser Übung will ich meine Gesamtnote durch eine Topnote verbessern. In Deutschland halte ich schließlich bezahlte Vorträge mit durchweg positivem Feedback, und da sollte das dann in Afrika schon ebenfalls klappen. Meine Vortragsleistung, so denke ich, kann dann meine anderen Schwächen beim Fährtenlesen oder Identifizieren von Vögeln notentechnisch abmildern.

Ich wähle mir ein Thema aus, was ich nicht nur selbst als spannend empfinde, sondern was auch visuell toll dargestellt werden kann: die Tüpfelhyäne. Schnell komme ich bei meiner Literaturrecherche darauf, dass Hyänen, sowohl die Tüpfelhyäne als auch die Schabrackenhyäne, nicht nur Aasfresser sind, sondern auch starke, mutige Jäger. Ihr gesamter Körperbau, vom großen Schädel bis zu den kräftigen Kiefern, dem muskelbepackten Nacken, dem starken Herz und dem abgesenkten Hinterteil ist auf eines ausgerichtet: Kraft. Sie können auch dickste Knochen zerbeißen (und verdauen!) und unterscheiden sich von klein an von anderen Fleischfressern. Im Gegensatz zu ihnen kommen die Jungen – vielfach sind es zwei – mit offenen Augen und ausgefahrenen Krallen zur Welt. Werden zwei Weibchen geboren, überlebt davon meist nur eins, das die Schwester tötet.

Die soziale Struktur von Hyänen ist ebenfalls spannend, da ganz anders als in der Menschenwelt. Die oberste Führung liegt, genau wie bei den Elefanten, bei den Frauen. Sie wiegen nicht nur mehr als die Männer, sie sind deutlich aggressiver und haben unter sich eine eindeutige Hierarchie, die an die Töchter weitervererbt wird. Männchen verlassen den Clan der Hyänen mit ungefähr zwei Jahren und versuchen dann, sich in einem neuen anzusiedeln. Dort steigen sie dadurch, dass sie potenziell neue Gene einbringen, etwas in der Hierarchie auf und arbeiten hart dafür, sich eines Tages mit den Weibchen paaren zu dürfen. Dies gelingt nicht immer, und etliche Männchen bleiben alleine.

Im Angesicht von Hyänen wundert den menschlichen Betrachter oft die Vielfalt der Töne, die sie neben dem bekannten heiseren Kichern von sich geben können: Forscher haben vierzehn verschiedene Laute identifiziert, und alle können über große Entfernungen von anderen Hyänen empfangen werden. Am beachtlichsten sind aber vermutlich Durchhaltevermögen und Beharrlichkeit dieser an sich nicht großen Tiere. Wenn sie sich erst einmal an die Fersen eines Beutetiers geheftet haben, lassen sie nicht nach: Mit hohen Geschwindigkeiten von bis zu sechzig Stundenkilometern verfolgen sie ihre Beute über weite Strecken hinweg, und oft legen sie in einer Nacht dreißig bis vierzig Kilometer zurück, nur um an ihr Jagdobjekt zu kommen. Das nimmt keine Raubkatze der Welt auf sich. Kurz gesagt: Hyänen sind weit mehr als die Müllabfuhr der Savanne.

Als wir das Glück haben, Hyänen und ihre Jungen eines Tages vor ihrem Bau sehr nah und sehr ausführlich beobachten zu können, fällt mir bei allen guten Eigenschaften der Hyänen allerdings auch eine herausragend negative auf: Sie stinken fürchterlich. Noch nicht einmal die tapsig-süßen Hyänenbabys oder die frech-neugierigen jungen Hyänen, die sich bis zu den Reifen unseres Jeeps vorwagen, können mich dazu bringen, meinen Kopf weit über den Rand des Jeeps hinauszuschieben, um eine noch bessere Sicht auf die Zwerge zu erhaschen. Alles hat seine Grenzen, und – Ranger hin, Ranger her – dieser bestialische Gestank, eine widerwärtige Mischung aus Verwesung und Urin, ist nichts für meine weibliche Zivilisationsnase.

Für meinen Vortrag, den ich vor den Jungs im Klassenzimmer gehalten habe, bekam ich übrigens die volle Punktzahl. Als Einzige hatte ich einen Laptop dabei – und natürlich hatte es Wirkung, wenn der Vortrag eine PowerPoint-Präsentation war, mit wunderbaren Hyänenbildern, die ich gefunden hatte. Wilhelm, Sammy und Daniel hatte ich angeboten, meinen Computer zu benutzen, aber sie winkten nur müde ab. »Nö, nicht nötig.« Stattdessen standen sie sich einzig selbst im Weg – obwohl sie inhaltlich viel mehr wussten als ich. Wilhelm hatte einen zerknüllten Zettel in der Hand, auf dem er sich Notizen über sein Thema Gürteltiere gemacht hatte (viel zu wenige, wie dann deutlich wurde). Daniel versuchte es bei seinen Terminen mit einem Flipchart, hatte aber nicht die geringste Struktur, und Sammy, der Streber, hatte noch nie was von Entertainment gehört. Er redete so trocken von einer Hörnchenart, dass am Ende niemand noch etwas von dem Inhalt wusste. Klar, dass meine Multimedia-Hyänen nicht zu toppen waren.

Hilfe, sie spricht!
Meine innere Stimme wird wach

An jedem neuen Tag im Busch wache ich morgens auf und verspüre in mir das tiefe Gefühl zu leben und mich mit allen Fasern meines Körpers auf den Tag, der vor mir liegt, zu freuen. Obwohl ich immer auch weiß, dass es aufgrund von Hitze, langen Märschen und schwerem Gepäck höchstwahrscheinlich mal wieder nicht leicht für mich wird.

Dennoch: Nichts von der bleiernen Morgenmüdigkeit Berlins und der Schwere meiner Glieder, die sich in Deutschland irgendwie fremdgesteuert in die Dusche und zur Kaffeemaschine bewegen. In Afrika habe ich beides gar nicht zur Verfügung, und doch bin ich noch vor dem ersten Sonnenstrahl wach, und zwar richtig wach. Fasziniert liege ich häufig noch minutenlang in meinem Zelt und lausche den vielfältigen Geräuschen jenseits meiner Zeltwand. Und während sich in Deutschland sofort nach dem Augenaufschlagen mein Kopf mit Geschäftsthemen füllt – wenn er nicht ohnehin mit ihnen wach wird –, ist er hier angenehm leer. Er füllt sich erst langsam mit dem, was um ihn herum passiert.

Auch stelle ich immer wieder erstaunt fest, dass die mich andauernd umgebende Natur dazu beiträgt, dass ich mich selbst viel mehr wahrnehme – und ich auch wenig Bedürfnis nach externer Ablenkung wie Musik, Fernsehen oder Ähnlichem habe. Sogar die fehlende Verpflichtung zu reden empfinde ich inzwischen als wohltuend. In Deutschland ist das ganz anders. Dort kann ich mir einen Alltag ohne externe Beschallungen gar nicht vorstellen, selbst wenn ich nur wenige Minuten am Tag habe, in denen ich mal nicht sprechen muss. In dieser Zeit suche ich dennoch andauernd externen Input: Ob das Radio im Auto oder der iPod beim Sport, Ben im Zug oder die Zeitung im Flugzeug, ob TV auf dem Sofa oder Musik in der Badewanne, immer ist etwas da, was vom Blick und dem Horchen nach innen ablenkt. In Afrika ist das nicht so. Im Gegenteil.

Die Natur scheint wie ein Verstärker dessen zu wirken, was sich im Inneren abspielt. Schwer zu beschreiben, aber unglaublich in der Wirkung. Während ich morgens im Zelt den Vögeln lausche oder abends in den Sternhimmel schaue, steigen Menschen und Ereignisse meines Lebens in mir auf, die ich schon lange vergessen oder für abgeschlossen hielt. Aber Pustekuchen, alles noch da, gut verwahrt in irgendwelchen Ecken meines Herzens. Bei der Erinnerung daran werden auch alle damit verbundenen Gefühle wieder wach, und beileibe nicht alle sind angenehm.

Eine davon ist meine Rückkehr als elfjähriges Mädchen nach Deutschland, und die kam ohne große Vorankündigung. Eines Tages kam ich von der Schule nach Hause, und was für mich sehr erstaunlich war, es war auch mein Vater da. Das hatte ich zuvor noch nie erlebt, hatte er doch – außer in den Ferien – tagsüber immer gearbeitet. Mein Vater und meine Mutter saßen im Wohnzimmer und blickten hoch, als ich zusammen mit meinem Bruder hereinspazierte. Er hatte zur selben Zeit Schulschluss gehabt wie ich.

»Ganz bald seht ihr die Oma!« Beide Eltern sprachen diesen Satz unisonso aus.

Mit »Oma« war die Mutter meiner Mutter gemeint, die in der Nähe von München am Ammersee lebte. Nach der langen Trennung freute ich mich sofort, sie zu sehen, auch wenn mein Bruder der eindeutige Lieblingsenkel von ihr war. Ich war in diesem Moment überzeugt davon, dass sie käme, um uns zu besuchen, und das sagte ich auch.

»Nein, nein«, meinte mein Vater, »es geht für uns zurück nach Deutschland.«

Ich konnte es nicht fassen. »Für immer?«, fragte ich.

»Ja, unsere Zeit hier in Afrika ist zu Ende.«

»Wir werden zuerst bei der Oma wohnen«, mischte sich meine Mutter ein.

Das fand ich noch schlimmer. In Südafrika lebten wir in einem großen Haus und hatten einen Swimmingpool, die Wohnung meiner Großmutter im spießigen Deutschland dagegen war mir immer als klein und beengt erschienen. Ich schaute meine Eltern in der Erwartung an, dass sie noch irgendetwas zu dieser Wendung in unserem Leben sagen würden, aber es kam nichts.

Mein Bruder fragte noch: »Und was ist mit der Schule? Wird das in Deutschland anerkannt, was wir hier gelernt haben?«

Meine Eltern bejahten seine Frage.

Das war's. Ich spürte einen Riesenkloß im Bauch und hatte das feste Gefühl, dass mir nach meinen traumhaften Jahren nun ein fürchterliches Schicksal in Deutschland drohte. Ohne Freunde, ohne Tiere, ohne Sonne. Es wurde dann zwar doch nicht so schlimm, aber bis heute gehören das deutsche Wetter und die Enge der Städte nicht zu meinen Favoriten.

Angenehm ist aber die mich umgebende Ruhe, die mir die Kraft gibt, Erinnerung für Erinnerung, Situation für Situation neu zu bewerten, zu verarbeiten und ab und zu auch abzuschließen beziehungsweise loszulassen. Ich bin vollkommen überzeugt, in Deutschland hätte ich eine ähnliche Erfahrung niemals machen können. Zum ersten Mal verstehe ich, was Menschen an die entlegensten und merkwürdigsten Orte der Welt treibt: der Wunsch nach innerem Frieden und einer Gelassenheit, die keine Entspannungs-CD produzieren kann. Eine Gelassenheit, die aus dem eigenen Herzen kommt.

Und während ich diese Erfahrungen mache, wird mir so Stück für Stück klar, wie wichtig eine solche Zeit für Menschen ist, die die Mitte ihres Lebens erreicht haben. Denn in der Mitte des Lebens ist schon vieles manifestiert, aber dennoch Etliches nicht gelebt. Dafür bleibt keine Zeit. Und genau dort entsteht das Problem. Denn das Leben zeigt sich oft erst jenseits der eigenen Komfortzone. Und während unser Alltag in festen Bahnen verläuft und uns Sicherheit gibt, machen wir, vielleicht im Hinblick auf alles, was wir bisher erzielt haben, einfach weiter. Immer geradeaus. So als ob das Leben ein gerader Weg wäre und nur kleine Abweichungen sinnvoll sind. Ja keine Veränderungen. Ja nicht den Panzer des Alltags verlassen. Das alles geschieht natürlich vom

Verstand aus gesehen aus gutem Grund, auch in (vermeintlicher) Rücksichtnahme auf die Menschen, die einem wichtig sind, insbesondere die, die man liebt. Aber hier in Afrika meldet sich eine innere Stimme in mir zu Wort, die zunächst nur leise und selten, aber dann immer öfter und schließlich unüberhörbar sagt: Das Leben will gelebt werden. Was ist das? Wieder einmal der beginnende Buschwahnsinn? Wie kann das sein: Eine innere Stimme, die mit mir spricht? Menschen, die Stimmen hören, waren mir immer sehr suspekt, und jetzt höre ich sie auch? Nur fühlt sich diese Stimme nicht merkwürdig an, sondern ganz entspannt und klar. Ich beginne, mich mit ihr anzufreunden, und mir wird bewusst: Diese Stimme hat recht. Und mehr als das.

Nicht nur das Leben will gelebt werden. Das Gleiche gilt auch für Träume, die wir haben, und die Ziele, die wir noch erreichen wollen. Warum sollen wir aufhören zu träumen, nur weil wir erwachsen sind? Warum sollen wir unser Leben eindimensional leben, nur weil wir meinen, keine Zeit zu haben?

Obwohl ich noch nicht genau weiß, was meine persönliche Konsequenz daraus ist, hoffe ich, dass mir diese innere Stimme auch nach meiner Rückkehr nach Deutschland erhalten bleibt. Ich beschließe, mir Zeiten der Stille und der Reflexioin in meinen Kalender einzubauen. Meine Assistentin wird begeistert sein.

Leben heißt lernen

Für einen Menschen, der es seit Jahren gewohnt ist zu führen, die richtigen Antworten zu wissen und ein Vorbild an Motivation für andere sein zu wollen, ist es nicht leicht, wieder die Schulbank zu drücken, in puncto Wissen ganz hinten zu stehen und in puncto Macht schlichtweg gar nichts zu melden zu haben. Dennoch ist genau das ein hervorragender Lehrmeister für diejenigen, die sonst das Sagen haben.

In meinem Fall fällt es mir, abgesehen von meinem ab und zu durchbrechenden Ego, nicht leicht, mich damit abzufinden, dass ich so gut wie nichts von dem weiß, was in wenigen Wochen geprüft werden soll. Das eigentlich Schlimme und auch etwas Erschreckende ist aber meine von Tag zu Tag steigende Ungeduld, die sich bis zur tiefen Bösartigkeit mir selbst gegenüber steigert. Anstatt es als einigermaßen logisch anzusehen, dass ich mich als deutsche Politikberaterin nicht im Verdauungssystem einer Giraffe auskenne, fange ich an, mich dafür zu kritisieren. Und wie!

Mein Erwartungs- und Erfolgsdruck mir selbst gegenüber ist so hoch, dass ich ihm nie gerecht werden kann, und die Konsequenz ist nur zu deutlich: Jeder Tag, der Richtung nahender Ranger-Prüfung verstreicht, erhöht den Druck bei mir noch mehr. Ich will dann noch intensiver lernen. Nun bin ich Gott sei Dank niemand, der unter mangelndem Ehrgeiz leidet, aber in diesem Fall bin ich immer noch skeptisch, ob die Latte nicht zu hoch liegt. Da helfen auch meine »Das wird schon«-Gedanken oder meine »Du musst positiv denken«-Attitüde wenig. Der Lernstoff ist immens, und die Ergebnisse meiner bisherigen Prüfungen nicht gerade vielversprechend. Ich beschließe, mir weitere Lerntechniken für meine schlechtesten Ranger-Fächer (Vögel und Reptilien) anzueignen und auch die modernen Instrumente der Technik einzubeziehen.

Von John leihe ich mir eine Sounddatei mit vierhundert Vogelstimmen, die er nutzt, um sie Schülern im Unterricht vorzuspielen, und habe mir von nun an vorgenommen, mit Hilfe von Ben vor dem Einschlafen mein Zelt in ein Bose-Sound-Studio zu verwandeln. Die mitgebrachten Miniboxen machen das möglich, und so höre ich nun jeden Abend einen wilden Mix aus Vogelstimmen und hoffe, dass Bens Wiederholungstaste der Dauerbelastung bei den gefiederten Wesensnamen standhält, die einfach nicht in meinen Kopf wollen.

Aber auch in vielen anderen Bereichen muss ich meinen mentalen Schalter auf Dauerlernen umlegen. Und leider stellen sich sogar die sicher geglaubten Ufer ehemaligen Schulwissens als unsicher und wenig verlässlich heraus. So zum Beispiel beim Thema Holz. Ich meine mich zu erinnern, irgendwann einmal in Physik gelernt zu haben, dass Holz auf Wasser schwimmt. Dem ist aber mitnichten so.

Manche Holzsorten in Afrika sind nicht nur giftig und dürfen auf keinen Fall verbrannt werden (auch das wusste ich nicht), sondern sie sind – wie das Holz des Ahnenbaums – zudem so schwer, dass sie sofort im Wasser versinken, statt obenauf zu schwimmen. Einmal mehr lerne ich in Afrika, dass man vom Äußeren eines Gegenstands oder Lebewesens keine falschen Rückschlüsse ziehen sollte. Als wir nämlich eines Tages zum Holzsammeln für das abendliche Lagerfeuer abkommandiert werden, in Waffenbegleitung von Ranger Dean, will ich ein relativ kleines, gut siebzig Zentimeter langes Stück graubraunes Holz aufheben und in die zu zweit missmutig durch das teils dichte und dornige Gestrüpp geschleppte Kiste werfen. Als ich das Holzstück hochhebe, falle ich zum großen Amüsement von Dean und unserem Brad Pitt (ja, auch Mr. Schönling wurde abkommandiert) fast um.

Ungläubig blicke ich auf das mickrige Stück Holz in meiner Hand, und Dean erklärt wie immer geduldig: »Das ist von einer verholzenden Pflanze, der *Red Bushwillow*. Ihr Holz ist extrem schwer, und deswegen wurden daraus früher Teile für Eisenbahnschienen hergestellt.« Aha, Eisenbahnschienen. Nichts für mich also. Körperlich gesehen.

Ich blicke mich unschlüssig um und versuche all die vielen Informationen über Holz, die ich gelernt habe, zu verknüpfen. Nicht zu schwer zum Tragen darf es sein, aber zu leicht ebenso wenig (denn dann sind Termiten drin oder es brennt nicht lange genug). Auf keinen Fall darf es giftig sein wie das Tamboti-Holz, das Afrikanische Sandelholz, und natürlich, für mich ganz wichtig, es darf keine Dornen haben, und auch darf kein Kleintier daran herumkrabbeln. Keine leichte Übung. Der Ausspruch

»Man sieht den Wald vor lauter Bäumen nicht« bekommt für mich eine neue Bedeutung. Schließlich aber werde ich fündig und lerne zusätzlich von Dean, dass – eigentlich logisch – die Wahl des Brennholzes Auswirkungen auf den Geschmack des Grillfleisches am Abend hat.

Ich denke an echte Nürnberger Bratwürste und erinnere mich, dass sie in einem Restaurant in meiner Münchner Heimat über Buchenscheiten gegrillt wurden. Dazu gab es eiskaltes Augustinerbier und Sauerkraut. Mir läuft das Wasser im Mund zusammen, und eines der ganz wenigen Male verspüre ich so etwas Ähnliches wie Heimweh.

Auf den Spuren der Löwen: Lektionen für Führungskräfte und Vielbeschäftigte

Eine der wunderbaren Gegebenheiten eines extrem einfachen Lebens in der Natur ist die verfügbare Menge an Zeit pro Tag. Oft wundere ich mich, dass meine Tage, obwohl sie in Afrika auch nur vierundzwanzig Stunden haben, voller und erfüllter erscheinen als die in Deutschland. Das allerdings ist höchst merkwürdig, denn meine Tage in Deutschland sind nicht nur vollgepackt, sie sind übervoll. Sie sind sogar so voll mit Terminen, dass meine Assistentin an manchen Tagen mehr Termine vergibt, als der Outlook-Kalender eigentlich hergibt. Wir nennen das unser Airline-Prinzip.

Fluglinien überbuchen ihre Flüge, immer in dem Wissen, dass der eine oder andere Passagier nicht auftaucht, und auf diese Weise andere in den Genuss des Fluges gelangen können. Die Passagiere bekommen das in der Regel nicht mit. Nur wenn zu wenige abspringen und dann Freiwillige gesucht werden, die auf einen anderen Flug umbuchen sollen, fliegt dieser Sitzplatz-Handel auf. Aber darüber regt sich selten jemand auf, und wir halten es ebenso. Nur dass wir keine Gutscheine verteilen und die bisher von meiner Assistentin auf wundersamen Wegen erahnte No-Show-Quote immer aufging.

Das Ergebnis ist auf jeden Fall und unabhängig davon: Meine Bürotage sind voll, voll, voll. Und da ich durch die vielen Meetings und Termine nicht genug Zeit für andere, ebenso wichtige Dinge habe, wie etwa die Lektüre von Strategiepapieren oder das Schreiben neuer Konzepte für Kunden oder Zeitungsartikel, nehme ich diese Arbeit dann Freitag spätabends mit nach Hause, damit ich das am Wochenende erledigen kann.

Im Vergleich zu diesen Tagen (und die erlebe ich seit gut zwanzig Jahren in meinem Beruf) sind meine Afrika-Tage Peanuts. Sie beginnen zwar eine Stunde früher als in Deutschland, aber enden schon meist kurz nach Einbruch der Dunkelheit und dem gemeinsamen Essen gegen halb neun, neun. Dazwischen gibt es die feste Struktur mit Pirschtouren, Unterricht und Lagerfeuer, aber das alles ist wahrlich nicht viel an Terminen für einen Tag. Ben, mein oberster Terminwächter in Deutschland und manchmal penetranter als meine Assistentin, was Erinnerungen an Folgetermine anbelangt, würde darüber nur milde lächeln. Aber hier, Tausende Kilometer weg von meinem Büro, erlebe ich eine andere, höchst wohltuende zeitliche Taktung, an die ich mich zugegebenermaßen erst gewöhnen musste.

Ein gutes Beispiel dafür ist die nahezu täglich stattfindende Suche bestimmter Tiere. Ein Ranger muss das gut beherrschen, denn seine Gäste haben meist sehr konkrete Vorstellungen, welche Tiere sie sehen wollen. Und die wenigsten, wie gesagt, tun einem den Gefallen, direkt vor den

Jeep zu laufen. Da Löwen immer ganz oben auf meiner Wunschliste angesiedelt sind, bin ich auch immer höchst dankbar, wenn irgendwelche Fährten im Sand von ihrer Anwesenheit künden und unsere Ranger Bereitschaft signalisieren, diesen Spuren zu folgen. Meine eindrucksvollste (und langwierigste) Erfahrung bei der Suche nach den einer Spur zugehörigen Löwen zeigte mir eine Seite der Zielerreichung, die ich in meinem beruflichen Alltag nur theoretisch kenne. Die Kraft des Nichtstuns.

Zu Fuß haben wir die Fährte eines Löwenrudels gut zwei Stunden über Stock und Stein verfolgt, und meine Ungeduld, endlich ein Auge auf das Rudel werfen zu können, ist auf ein für mich unerträgliches Maß angestiegen. Plötzlich gibt John das Handzeichen zum Stehenbleiben. »Psst«, zischt er und geht tief in die Hocke. Mein Adrenalinspiegel springt sofort in die Höhe, noch während wir alle ihm in der Haltung folgen. Angestrengt blicken wir dorthin, wo er hinschaut. Dichte Büsche, dazu hohes Gras, was sich ab und zu bewegt. Aber bei aller Anstrengung kann ich wieder einmal nichts dahinter erkennen, was auf ein Tier, geschweige denn Löwen schließen lässt. Wilhelm, Daniel und Sammy, das macht mein visueller Check in deren Gesichtern deutlich, sehen auch nichts. Nur John ist eindeutig überzeugt, dass hinter den Büschen irgendetwas ist.

In der Hockstellung nähere ich mich ihm mühsam und flüstere: »Was ist los? Was siehst du?«

Er schüttelt den Kopf. »Ich sehe nichts. Aber sie sind da. Sechs bis acht Löwen, hinter dem dichten Busch.«

Ungläubig schaue ich in die angegebene Richtung, aber ich entdecke immer noch nichts. Aus dem Augenwinkel registriere ich, wie John eine Hand zu seinem Ohr führt und darauf deutet. Aber außer dem Summen irgendwelcher dusseliger Fliegen höre ich auch nichts. Aber da, ich rieche etwas. Es riecht leicht scharf, und in Sekundenbruchteilen ist sie da. Die Erinnerung an meine Kindheit. Ich bin neun Jahre alt und halte zum ersten Mal in meinem Leben ein Löwenbaby auf dem Arm. Ich entsinne mich, wie enttäuscht ich war, dass es sich in keinster Weise weich und kuschelig anfühlte. Im Gegenteil. Seine messerscharfen Krallen wollten unbedingt meinen nackten Oberarm erkunden, und das war mir Zimperling echt unangenehm. Zudem verbreitete es einen stechend-säuerlichen Tiergeruch, heute würde ich sagen, der Geruch von Urin, damals wusste ich nur, dass es ekelig roch. Und genauso roch es heute hier. Nach dem Urin von Löwen. Aha. Sie waren also tatsächlich da. Wir konnten sie nur nicht optisch wahrnehmen.

»Was machen wir jetzt?«, wispere ich John zu.

Seine kurze Antwort: »*Nothing* – nichts. Wir warten.«

Warten. Das ist ja was für mich, denke ich und ziehe mich etwas von ihm zurück, den nahen Löwenbusch nicht aus den Augen lassend. Nach gut dreißig Minuten ist immer noch nichts passiert. Meine Geduld nähert sich in gleichem Maß dem Ende, wie die Wärme des späten Morgens ansteigt.

Wieder krabbele ich zu John. »Und nun?«, frage ich ungeduldig. »Da tut sich nichts.«

»Es tut sich immer etwas, du siehst es nur nicht. Wenn du deine Hausaufgaben gemacht hast, bleibt dir manchmal nichts anderes zu tun, als zu warten«, antwortet er leicht philosophisch. »Setz dich hin, schweige und genieße.«

Grrr. Ich wollte eigentlich keinen buddhistischen Schweigekurs in Afrika belegen. Noch während der Ärger in mir hochsteigt ob dieser »Zeitverschwendung«, teilt sich der dichte Busch vor uns, und ein kleiner Löwenkopf mit großen grünlichen Kugelaugen schiebt sich hindurch, gefolgt von einem rundlichen Körper mit immensen Tapsepfoten. Der kleine Löwe blickt genau zu uns, und während mir das Herz vor Freude fast stehen bleibt, teilt sich der Busch erneut, und zwei andere bewegliche Fellhüpfer kommen zum Vorschein. Wow! Wenige Meter vor uns spielen die drei im Gras, und wir beobachten das Hoch und Runter der Fellknäuel fasziniert. Da macht John ein Zeichen, dass wir uns zurückziehen sollen.

Wie bitte? Jetzt? Erst warten wir gefühlte Stunden im Kitzelgras – und jetzt sollen wir verschwinden? *No way*. Ich zücke meine Kamera, um wenigstens noch ein paar Bilder zu schießen. Aber in dem Moment wird mir klar, warum er das Zeichen zum Rückzug gegeben hat. Zwei Löwinnen tauchen seitlich vom Busch auf, und allem Anschein nach wollen sie sehen, was die Kleinen so treiben. Oder was wir hier treiben und ob wir eine Gefahr für sie darstellen.

Zweifellos wissen die beiden, dass wir hier sind. Sie recken die Nasen nach oben und schauen direkt zu uns. Meine Knie werden weich, denn der Abstand ist mehr als gering, vielleicht fünf, sechs Meter. Ich kann mich beim besten Willen nicht bewegen. Auf einmal spüre ich ein Ziehen hinten am Rucksack. Es ist John, der mich unbeugsam nach hinten zerrt. Da erst erwacht mein Körper aus der Starre des Schreckens, und langsam, ganz langsam bewegt sich ein Fuß nach dem anderen rückwärts.

Die Löwinnen aber wirken währenddessen entspannt und blicken auf ihre Kleinen. Die finden es anscheinend super, dass jetzt auch die Erwachsenen ins Spiel eingebunden werden können, und gehen sofort zum Kopfreiben und Ankuscheln über. Gott sei Dank. Unser Abstand zu den Löwinnen und ihrem Nachwuchs vergrößert sich, und dankbar blicke ich John an, der mich aus meinem Stillstand herausgeholt hat. Er grinst und sagt leise: »Ich habe es dir doch gesagt: Manchmal muss man nichts tun. Nur warten und dem Leben seinen Lauf lassen.« Ich nicke. Wieder was gelernt.

Überraschende Fähigkeiten beim Schießen

Ein echter Ranger muss schießen können, logisch. Und er muss gut schießen können, um seine Gruppe und sich im Zweifel vor dem Angriff eines Tieres zu schützen. Auch logisch. Dennoch habe ich größte Zweifel an meinen diesbezüglichen Fähigkeiten, als der Tag der ersten Schießübung heranrückt. Aber wie so oft im Busch versuche ich mir nichts von meiner Unsicherheit anmerken zu lassen und nehme die von Tag zu Tag ansteigende Euphorie der anderen Ranger in spe ob des nahenden Großerlebnisses leicht amüsiert, aber eher gelassen zur Kenntnis. In jedem Jungen steckt eben doch ein Cowboy, denke ich, und hoffe insgeheim, dass ich nicht allzu schlecht beim ersten Schießtraining abschneide.

Als es dann so weit ist und etliche Gewehre nebst scharfer Munition auf dem Jeep verstaut sind, bin ich dann aber doch genauso aufgeregt wie die Jungs in meiner Gruppe. Wenn auch aus anderem Grund. Wir fahren mit John und Dean in ein bewaldetes Gebiet westlich unseres Camps, und John erklärt uns auf dem Weg, dass dieses Gebiet sowohl zum Jagen als auch für Schießübungen freigegeben ist. Ich bin kein großer Fan der Jagd und habe so meine Probleme mit der Vorstellung, dass reiche Europäer oder Amerikaner es schlicht genial finden, einen Löwen oder Elefanten gegen Geld zu töten. Und hier geht es um große Summen. Ein Löwe spült locker 30 000 bis 70 000 Dollar in die Taschen der Reservatsbesitzer, und wie in jeder Gesellschaft verdirbt die Aussicht auf schnelles Geld auch schnell den Charakter der Anbieter. Nicht immer werden die strikten Auflagen der Behörden für die Zeiten und Orte der Abschüsse sowie ihre Zahlen eingehalten, und stets zahlen die Tiere den Preis dafür. Wie dem auch sei, die Jagd ist ein wichtiges und sehr einträgliches Geschäft in Südafrika, und die Donald Trumps dieser Welt finden wenige Dinge erhabener, als ein Tier ohne Chance auf Gegenwehr zu töten und Teile der sterblichen Überreste, meist den Kopf, stolz nach Hause zu bringen.

Nun soll ich also, in meiner Jugend überzeugte Greenpeace-Aktivistin und auch heute noch gegen jede Form von Gewalt gegenüber Tieren, lernen zu töten. Ich bin wenig begeistert, aber tröste mich damit, dass ich dies nur zum Schutz von Menschenleben tun würde.

Wir stoppen auf einer recht flachen Ebene, in einem abgegrenzten Bereich, in dem die Schießübungen gemacht werden dürfen. Diese gliedern sich in zwei Teile. Zielen auf unbewegte und Zielen auf bewegte Ziele in der Ferne. Für letztere Übung muss Kollege Wilhelm herhalten. An einer langen Schnur wird eine Zielscheibe auf Rollen angebracht, und auf Kommando soll er dann so schnell wie möglich auf uns zusprinten. Das ist der perfekte Job für unseren dauergelangweilten Eigenbrötler, aber er scheint das anders zu sehen. Grimmig betrachtet er die anderen, doch John sieht seinen Blick nicht, denn er hat sich schon umgedreht und marschiert in die Pampa, um die ersten festen Zielschreiben zu installieren.

Er geht ungefähr hundert Meter, und ich habe Mühe, die Zielscheibe mit den schwarzen Kreisen im Detail zu erkennen. Aber nach einem prüfenden Blick montiert er die Scheibe auf einem der mitgebrachten Holzpfähle. Auf seinem Rückweg in Richtung Gruppe macht er auch bei fünfundsiebzig und fünfzig Metern Halt und errichtet dort abermals Scheiben. Als er schließlich wieder bei uns ist, grinst er in meine Richtung und sagt mit einem einladenden Blick in Richtung der Gewehre: »*Ladies first.*«

Ich schüttele den Kopf. »Wegen mir nicht. Lass mal die jungen Leute ran. Die freuen sich schon so.«

Tatsächlich steht Brad Pitt augenblicklich neben den vier Gewehren und schaut erwartungsvoll zu uns. Auf das Nicken von John greift er sich zielsicher eine Waffe und kommt mit aufrechtem, leicht federndem Gang herbei. John zeigt ihm, wie er die Waffe prüfen, anlegen und nachladen muss, und schon steht Daniel an der im Sand markierten Standlinie. Als der erste Schuss fällt, zucke ich zusammen, obwohl ich ihn erwartet hatte, und auch beim zweiten und dritten Schuss verhalte ich mich sehr mädchenhaft. Ich bin froh, dass es keiner gesehen hat, denn alle starren in Richtung der Zielscheiben, gespannt, wie gut Daniel getroffen hat. John und Dean gehen gemeinsam zu den Scheiben, ziehen neue Blätter auf und kehren dann mit zufriedenem Gesicht zu uns zurück.

»Nicht schlecht«, kommentiert John in unsere Richtung. »Aber noch nicht gut genug für den Fall des Falles. Der Nächste, bitte.«

Auch jetzt lasse ich einem der anderen Junior-Ranger den Vortritt und beobachte aufmerksam, wie bedächtig Sammy die Waffe anlegt und zielt. Ich versuche mir alle Einzelheiten seiner Körper- und Gewehrhaltung einzuprägen, um in wenigen Minuten als einzige Frau in der anscheinend talentierten Schützentruppe nicht wie ein Vollidiot dazustehen. Aber als ich an der Reihe bin, fühle ich mich genau so. Allein das Hochheben des auf dem Boden liegenden Gewehrs fällt mir nicht leicht, denn das Gewehr ist deutlich schwerer, als ich mir es vorgestellt hatte.

Andererseits habe ich auch gar keinen realen Vergleich, denn meine einzige Schießerfahrung rührt aus einer Zeit als Teenager, als wir an Volksfestständen mit Luftgewehren auf eine Cowboy-Szenerie einschließlich Geier auf der Wasserpumpe geschossen haben. Nun also ist alles real. Ich hebe die Waffe, wie ich es bei meinen Vorgänger gesehen habe, und John, der neben mir der Dinge harrt, korrigiert noch meinen Ellbogen, der zu weit absteht. Das Zielen dauert lange, fast zu lange für meinen gering ausgeprägten Bizeps, da ich das Gewehr in der Zeit ganz ruhig zu halten habe. Aber als der Schuss schließlich losgeht und es knallt, stelle ich erleichtert fest, dass ich nicht nur die Tafel getroffen habe, sondern sogar ziemlich im Zentrum gelandet bin. John gibt ein enthusiastisches »Super!« von sich.

Der Rückschlag des Gewehrs in meiner Armbeuge allerdings tut richtig weh, und beim zweiten und dritten Schuss rutscht meine Schulter, ohne dass ich etwas dagegen tun kann, aus diesem Grund Millimeter nach vorne, um sich besser zu schützen – mit negativen Konsequenzen auf der Zielscheibe. Beide Schüsse sind zwar in der Höhe gut, aber deutlich zu weit links vom Ziel gelandet. Als ich die Waffe sinken lasse und mein Arm sich wieder entspannt, merke ich erst, wie angespannt ich während des Schießens war. Und als ich mit John das Zielblatt hole und ein neues aufspanne, sehe ich, dass der erste Schuss tatsächlich perfekt war.

Stolz und Freude bahnen sich in Sekundenbruchteilen ihren Weg zu meinem Gehirn, und während mir die Jungs anerkennend auf die Schulter klopfen und sagen: »Das war ein echter Todesschuss«, denke ich: Man sollte niemals sagen, das kann ich nicht, sondern sich immer ohne Vorbehalte ans Werk machen. So entdeckt man ungeahnte Talente und der Anfang ist immer, etwas einfach zu tun.

Später am Tag gelingt es mir dann, den Schmerz in der Schulter vom Rückstoß des Gewehrs mental zu überlisten, mit einiger Übung, besonders als ich auf die beweglichen Ziele schieße, bei denen ich mir meist einen Büffel, manchmal auch ein rasendes Rhinozeros vorstelle. Auf jeden Fall habe ich an diesem Tag gelernt: In jedem Menschen schlummern unvermutete Talente. (In meinem Fall: die Fähigkeit zu schießen.) Und das gilt auch oder vielleicht sogar insbesondere für Menschen, die meinen, sich selbst gut zu kennen. Außerhalb der eigenen Komfortzone aber beginnt dieses Kennenlernen von vorne. Im Umkehrschluss: Wer sich nicht weit aus seinem Alltag auf neues Terrain begibt, lernt sich selbst nicht wirklich kennen. Deswegen ist es auch so spannend, sich in Extremsituation zu begeben.

Elefantenalarm

Abends am Lagerfeuer habe ich zwei Lieblingsbeschäftigungen. Das schweigende Schauen ins Flammenspiel, regelmäßig unterbrochen von einem Blick in den gigantischen Nachthimmel, und das gespannte Zuhören, wenn die Ranger Geschichten erzählen. Meistens sind sie die Helden dieser Storys, manchmal sind es auch die Tiere Afrikas. Wie auch immer, ich liebe es, ihnen zuzuhören.

Wahrscheinlich erinnert mich das an früher, als mein Vater mir am Bettrand Geschichten vorgelesen und seine tiefe Stimme allein mich schon in wohlig-ruhige Sphären befördert hat. Obwohl ich als Erwachsene natürlich vermute, dass ein Großteil der Ranger-Geschichten bestenfalls der Halbwahrheit entsprechen und vor allem erzählt werden, um den anderen zu beweisen, was für tolle Kerle sie sind, so geht es mir bei ihnen nicht anders als bei meinem Vater. Sobald einer der Ranger zu seinem Kollegen sagt: »Kannst du dich noch an diesen trockenen Winter 1900-irgendwas erinnern? Da fanden wir doch die Spuren dieser Herde...«, sind meine Ohren auf Empfang geschaltet. Und fast immer lohnt es sich, so stelle ich fest, weiter zuzuhören.

Einmal allerdings, da war mir nicht nur die Geschichte unheimlich, sondern vor allem die darauffolgende Nacht hatte fatale Ähnlichkeiten mit der am Feuer noch als gruselig-spannend empfundenen, aber wahrscheinlich maßlos übertriebenen Story. Die Abendgeschichte am Lagerfeuer war die folgende:

In einem Camp ein paar Kilometer weiter unterhalb des Flusses, das ebenfalls von Ranger-Anwärtern und Ausbildern genutzt wird, hatte sich für ein paar Wochen eine Biologin einquartiert. Das ist gegen eine geringe Gebühr möglich, wird aber selten in Anspruch genommen. Kein Wunder, überlege ich, wer geht schon freiwillig in ein afrikanisches Basiscamp, wo es doch überall so wunderbare Lodges gibt? Die haben sogar Strom und fließend warmes Wasser. Für die Biologin aber – ich glaube, es war eine Engländerin – war dieses Camp das perfekte Umfeld, sie arbeitete nämlich an einer wissenschaftlichen Arbeit über Elefanten. Und die wurden ihr dann auch zum Schicksal, denn eines Tages, so erzählte Dean mit eindringlicher Stimme im flackernden Schein der Flammen, kam eine Elefantenkuh gegen Mittag durch das Camp marschiert und traf auf besagte Engländerin, die gerade auf dem Weg zu den Waschräumen war.

Entgegen aller üblichen Verhaltensweisen von Elefanten ging diese Kuh sofort zum Angriff über. Die Engländerin hatte zunächst Glück und konnte sich hinter eine Gruppe von Büschen retten und von dort um Hilfe rufen. Ein Ranger hörte auch die Rufe und kam angelaufen, allerdings, mir völlig unverständlich, ohne Waffe. Er bemühte sich, die wütende Elefantin mit einem großen Stock ab- und von dem Busch, hinter dem die Engländerin kauerte, wegzulenken, sah aber schnell ein, dass es sinnlos war. So eilte er davon, um seine Waffe zu holen, die, wie auch bei uns üblich, in einem abgeschlossenen Waffenschrank im Zentrum des Camps verwahrt wurde.

Als er wenige Minuten später zurückkehrte, war es schon zu spät. Die Elefantin war durch die Büsche getrampelt und hatte die Biologin im wahrsten Sinne des Wortes unter ihrem Vorderfuß begraben. Im Schock und in der Hoffnung, dass die Frau noch lebte, schoss der Ranger und tötete das nun auf ihn losgehende Tier. Aber auch das machte die Frau nicht mehr lebendig. Sie starb durch das fast vier Tonnen schwere Tier, ein Tier aus der Art, für die sie ihr Leben lang eine große Leidenschaft gehegt hatte. Ich war bewegt und fassungslos zugleich.

»Wieso zum Teufel«, frage ich Dean leicht aggressiv, »hat der Kerl denn seine Waffe beim ersten Hilferuf der Frau nicht mitgenommen?«

Und seine Antwort, verbunden mit einem lakonischen Achselzucken, macht mich nun tatsächlich sauer: »In der Regel brauchen wir in den Camps keine Waffe, und Elefanten gehen Menschen eher aus dem Weg.«

»Das war hier aber nicht der Fall«, sage ich, »es gibt also Ausnahmen zur Regel.«

Bei seiner nächsten Antwort bin ich so aufgebracht, dass ich aufstehe, vom Feuer Richtung Klassenzimmer gehe und beschließe, mir ein lauwarmes Dosenbier zur Beruhigung zu holen. Er sagt: »Es gibt immer Ausnahmen, das ist nun mal so.« Damit ist für ihn das Thema beendet, jedenfalls seinem Gesichtsausdruck nach zu urteilen. Für mich ist es das in keiner Weise.

Mein Leben lang habe ich solche Diskussions- und Kreativitäts-Totmachersprüche gehasst und sie in meinen Firmen auch regelrecht verboten: Das ist nun mal so. Das hat es noch nie gegeben. Das kann nicht funktionieren. Schuster, bleib bei deinen Leisten. Das war schon immer so. Und jetzt soll ich es im Busch akzeptieren? Auf keinen Fall. Mein Motto ist: Geht nicht, gibt's nicht.

Mit der Bierdose in der Hand und wieder am Feuer sitzend, starte ich einen neuen Anlauf und sage in die Lagerfeuerrunde: »Dann will ich mal hoffen, dass unsere Ranger schneller ihre Waffe zur Hand haben, wenn einer von uns um Hilfe ruft.«

Sammy nickt unterstützend, aber unser Beautyboy Daniel schaut skeptisch von mir zu Dean. Und als der seinem Blick begegnet, bemerkt er lässig: »Wenn deine Zeit abgelaufen ist, hilft auch keine Waffe.«

Ich fasse es nicht. So jung und schon so neunmalklug. Aufgeben, ohne zu kämpfen? Nicht mit mir. Ich sage: »Na, dann hoffe ich mal, dass unsere Zeit noch nicht abgelaufen ist.« Und ehe jemand einen weiteren destruktiven Spruch von sich geben kann, stehe ich erneut auf, schalte meine Taschenlampe an, wünsche allen eine gute Nacht und mache mich auf zu meinem Zelt. In meinem Kopf drehen sich die Gedanken karussellmäßig.

Wie kann man so nachlässig mit seiner Verantwortung für Menschenleben umgehen? Wieso ist es für unsere Ranger so uncool, im Camp die Waffe zu holen? Ist es die Coolness, die ihnen da im Weg steht, oder ist es der tiefe Glaube an die Statistik, dass solche Angriffe auf Menschen die große Ausnahme sind? Der Fall der getöteten Elefantin würde dies bestätigen. Sie wurde, wie ich später erfuhr, im Nachgang dieses schrecklichen Ereignisses obduziert, und der Tierarzt fand einen großen Gehirntumor, der dem Tier wohl zum einen wahnsinnige Schmerzen verursacht haben musste, zum anderen aber auch seine blinde Aggression erklären konnte. Dennoch. Ich bleibe dabei. Besser einmal mehr die Waffe dabeihaben, als einmal zu wenig.

In dem Wissen, dass ich mit dieser Meinung wohl, sollte ich die Prüfung bestehen, eine Ausnahme unter den Rangern darstelle, betrete ich die Waschräume. Egal. Bei ihrem Verlassen bin ich schon ruhiger, und als ich in meinem Zelt angekommen bin, ist meine afrikanische Welt fast wieder in Ordnung. Wie immer in Südafrika schlafe ich extrem schnell ein.

Mitten in der Nacht werde ich von einem lauten, sehr lauten Knirschen und Knacken neben meinem Zelt wach. Es ist das Geräusch von abbrechenden Zweigen und trockenen Ästen. Vor Schreck bin ich wie elektrisiert und kann mich kaum in meinem Schlafsack bewegen. Meine Ohren lauschen angestrengt durch die Zeltplane hindurch, und als ich ein lautes Schnaufen und Atmen höre, bin ich sicher: Da ist ein Elefant neben meinem Zelt, vielleicht sogar mehrere. Das Tier muss ganz nah sein. Sofort schießt mir die gerade gehörte Elefantengeschichte durch den Kopf, und mein Vorstellungsvermögen ob dessen, was nun passieren kann, macht Saltos. Ohne Zweifel könnte der Dickhäuter mein Zelt mit einem Schlag seines Rüssels wegfegen. Ob er weiß, dass ich hier drin bin? Elefanten haben ja ein exzellentes Gehör.

Sucht das Tier nun etwas Bestimmtes, oder ist es einzig am Fressen interessiert? Ich horche angestrengt, aber außer dem Rascheln von Blättern und ab und zu dem Brechen von trockenem Holz kann ich nichts hören. Langsam und vorsichtig richte ich mich in meinem Schlafsack auf. Die Taschenlampe wage ich nicht anzuschalten, aber nach vielleicht zwanzig Minuten habe ich mich immerhin mutig Richtung Zeltreißverschluss vorgearbeitet. Geduckt hocke ich dahinter und wage kaum zu atmen. Und schließlich sehe ich ihn, meinen nächtlichen Besucher. Genauer gesagt, seine Umrisse. Als sich draußen der Mond durch die Wolken schiebt, nehme ich seinen Riesenrücken und den Kopfansatz dunkel durch die Zeltwand wahr. Er steht ungefähr zwei Meter neben meinem Zelt. Verdammt, ist der groß, denke ich, und: Verdammt, bin ich klein. Und dann noch: Eine so dünne Plane. Ich komme mir unendlich klein und ausgeliefert vor.

Aber trotz aller Angst ertappe ich mich mehrfach bei dem Gedanken, den Reißverschluss etwas zu öffnen, um einen direkten Blick zu erhaschen. Denn eigentlich kann es mir bei Tieren nicht nah genug sein (ganz im Gegensatz zu Sammy, dem immer alles viel zu nah war). Aber mein Mut reicht nicht aus, die damit verbundenen Geräusche zu initiieren. Also verharre ich lauschend und die Abendstorys der Ranger verfluchend, gefühlte Stunden hinter meinem Zeltreißverschluss kauernd. Nach ungefähr einer halben Stunde hat mein nächtlicher Besucher dann anscheinend genug gefressen. Er pflügt weiter durch das Gebüsch Richtung Fluss, und ich weiß, gleich werde ich das Aufspritzen des Wassers hören, wenn er das Flussbett durchschreitet. Genauso ist es, und als ich es höre, atme ich tief durch. An Schlaf ist nicht mehr zu denken, aber in den letzten wenigen Stunden bis zum Morgengrauen habe ich genug Stoff zum Nachdenken. Zum Beispiel über die Winzigkeit einer menschlichen Existenz.

Wasser im Zelt

In einer anderen Nacht werde ich wach, weil über mir der Himmel zusammenzubrechen scheint. Es donnert so laut, dass ich der festen Meinung bin, der Boden würde beben und die Wände meines Zeltes würden nach innen kippen. Und noch während ich darüber nachdenke, wie ein Donner so laut sein kann und ob mein Zelt einem südafrikanischen Gewitter standhalten wird, fallen schon die ersten Tropfen auf mein Dach. Sie müssen mördergroß sein, denn sie machen einen Heidenlärm auf der Plane. Rasch überlege ich, ob ich noch irgendwelche Wäsche draußen habe, aber der trommelnde Regen setzt so schnell ein, dass es sowieso zu spät wäre, irgendetwas ins Trockene zu retten. Zudem soll es auch in meinem Zelt nicht lange trocken bleiben. Denn was ich in meiner »Afrika ist das Land der Sonne«-Euphorie zu Beginn meines Aufenthalts vollkommen vergessen hatte, war, die Zeltplane und die Reißverschlüsse einer genauen Inspektion zu unterziehen. Hätte ich das gemacht, wäre mir sicherlich aufgefallen, dass sowohl die Plane als auch der seitliche Reißverschluss für das Mini-Fenster altersbedingte Schwächen aufwiesen, die sich jetzt, im strömenden Regen Afrikas, zum Nachteil meines gesamten Gepäcks, meines Schlafsacks und meiner Matte auswirken sollten.

Zunächst aber ahne ich davon nichts, sondern starre bei eingeschalteter Taschenlampe mit einer Mischung aus Faszination und Ungläubigkeit ob des Tosens draußen gegen mein Zeltdach. Was für ein Unwetter! Es ist halb zwei, und während ich mir versuche einzureden, dass so ein Regen ja auch was Romantisches hat, drücken sich die ersten verräterischen Tropfen durch die seitlichen Fensternähte. Direkt darunter liege ich in meinem Schlafsack, und als ich es sehe und eines meiner Handtücher darauf lege, wird mir blitzschnell klar, dass ich hier einen Kampf gegen Windmühlen führe. An diversen Stellen des Zelts beginnt es zu tropfen, und so beschließe ich, ganz krisenerprobte Managerin, mich für den Fall des Falles vorzubereiten. Für die Aufgabe meines Zeltes. Ich ziehe mich im Kegel der Taschenlampe an und verpacke die restliche Kleidung, die Bücher, Tagebuch, Fotoausrüstung und Laptop in meinen Koffer. Gut, dass dieses Hartschalenungetüm wasserdicht ist.

Einzig Ben, meinen kleinen Fotoapparat und die Taschenlampe behalte ich bei mir. Man kann ja nie wissen.

Den Schlafsack kann ich nicht adäquat vor dem immer stärker eindringenden Wasser schützen, und so lege ich ihn unter die Matte, in der Hoffnung, dass es wohl nicht so schlimm wie momentan befürchtet werden wird. Das kontinuierliche Rauschen der Wassermassen allerdings lässt mich daran zweifeln, und mittlerweile bilden sich erste Pfützen auf dem Zeltboden. Verdammt! Wie soll ich denn nun einigermaßen trockenen Fußes Richtung

Klassenzimmer oder Damentoilette kommen? Letztere hätte immerhin ein Wellblechdach. Klar, dass mir da auch die grüne Regenjacke, die ich übergezogen habe, kaum helfen wird. Und an einem Schirm hatte ich beim Packen in Deutschland nun wirklich nicht gedacht. Verdammt, verdammt, verdammt! Missmutig öffne ich den vorderen Reißverschluss meines Zeltes und leuchte nach draußen.

Im Kegel meiner Taschenlampe sehe ich Wasser, das wie ein dichter Vorhang Richtung Erde fällt. Links neben meinem Zelt entdecke ich, viel schlimmer, einen gefräßigen Mini-Sturzbach, der sich eng an meiner Unterkunft vorbei Richtung Büsche und dem dahinterliegenden, etwas abfallenden Flussufer schiebt. Zum Glück, schießt mir durch den Kopf, ist der Fluss so gut wie ausgetrocknet. Bei dem Regen traue ich es ihm sonst nämlich zu, mal eben, ruckzuck, unsere Zelte oberhalb des Ufers wegzuspülen.

Unschlüssig schaue ich weiter in den Monsterregen, nicht gerade erpicht darauf, nun die gut hundert Meter zu den festeren Gebäuden in Angriff zu nehmen. Aber es nützt nichts. Ein Blick zurück in mein Zelt sagt, dass es sein muss. Die Pfützen auf dem Boden und die dunklen Flecken am Dach werden größer, und es gibt keinerlei Auffanggefäße, die ich im Inneren nutzen könnte. Ich befehle mir selbst, meinen Körper hinaus in den Regen zu schieben, und bin erstaunt, wie warm der sich auf meiner Hand, die die Taschenlampe hält, anfühlt. Ich zippe den Reißverschluss zu, schicke ein Stoßgebet für Zelt und Gepäck gen Himmel und haste in gebückter Haltung durch den Busch nach oben, Richtung Toilette.

Normalerweise sind vor der Toilette und am Wegesrand Petroleumlampen aufgehängt, aber der Regen hat alle ausgelöscht. So ist es stockfinster, und ich bin mit Millionen von Riesentropfen und meiner Lampe scheinbar allein in der Welt des hinabrauschenden Wassers. Aber kurz vor meinem ersten Ziel, dem schützenden Dach meines Waschraums, erhellt plötzlich ein senkrechter Blitz die Nacht. Gefolgt von röhrendem Donner scheint er den Himmel nahezu senkrecht und ohne Zacken zu zerteilen, und für Augenblicke wird es taghell. Die Lautstärke des Donners lässt mich meinen ohnehin schon tropfnassen Kopf nebst Baseballmütze noch tiefer zwischen meine Schultern ziehen. Ich habe das Gefühl, eine der Leopardenschildkröten zu sein, die wir schon des Öfteren auf unseren Pirschtouren gesehen hatten. Die allerdings lieben Wasser und kommen erst richtig in Fahrt, wenn es regnet. Ich wiederum habe äußerst schlechte Laune und verfluche meine blödsinnige Idee, mich wegen eines dusseligen Kindheitstraumes so weitab von jeder Zivilisationsannehmlichkeit begeben zu haben. Was hatte ich mir nur dabei gedacht?

Keine Antwort wissend, aber stattdessen pitschnass erreiche ich mein Toilettenhäuschen. Ich bin froh, als ich sehe, dass eine der Petroleumlampen auf dem Waschbecken brennt. Na bitte. Man soll ja nicht undankbar sein. Leise vor mich hin grummelnd lege ich mir eines der dort hängenden Handtücher auf den Boden und setze mich darauf. Dann entledige ich mich meiner Jacke, hänge mir ein zweites Handtuch um die Schultern und ziehe die nassen Knie bis an die Brust: Ich will ein wenig warten, bis der Regen (hoffentlich) nachlässt. Das Trommeln des Regens auf dem Blechdach beruhigt meine Nerven, und nach einiger Zeit kann ich mich etwas entspannen und empfinde die regennasse Luft und das Wassertrommeln sogar als angenehm.

Ich frage mich, wann ich zuletzt durch den Regen gelaufen bin, und Erinnerungen an meine Kindheit werden wach. Barfuß bin ich in Südafrika von Pfütze zu Pfütze über die warmen Steinplatten unserer Hauseinfahrt gehüpft, meist in Gefolgschaft meines geliebten Cockerspaniels Thimba. Der Regen machte mir als Kind gar nichts aus, im Gegenteil. Ich frage mich weiter, wann ich so erwachsen (oder auch unentspannt) geworden bin, dass ich Regen nichts mehr abgewinnen kann. Ich komme zu dem Schluss, dass es wohl ein schleichender Prozess des Erwachsen- und Vernünftigwerdens gewesen ist. Und die Ausrichtung dieses Prozesses hat viel mit Erwartungshaltungen zu tun. Meine Eltern hatten mir gegenüber wenig ausgesprochene Erwartungshaltungen, was einen bestimmten Beruf anbelangte. Bei Kollegen hatte ich das oft erlebt. Vielleicht wurden die Erwartungshaltungen in unserer Familie aber nur nie direkt ausgesprochen, denn ich hatte schon das eindeutige Gefühl, aus mir müsse was werden. Und so wollte ich dann natürlich externe Erwartungshaltungen erfüllen – allein schon, um eine tolle Tochter zu sein. Aber ich hatte auch Vorbilder weitab meines Elternhauses. Selbstständige Unternehmer, Abenteurer und starke Frauen fand ich schon immer cool, zum Beispiel den Engländer Richard Branson oder die Gründerin von The Body Shop, Anita Roddick, oder, oder, oder...

Und während ich meinen Gedanken nachhänge und draußen immer noch die nächsten Blitze zucken, wird mir klar, dass die kindliche Freude an Dingen durchaus noch in mir steckt, ich sie nur meist nicht lebe. Bevor ich weitere Überlegungen anstellen kann, bin ich aufgestanden und nach draußen getreten. Ich will den Regen spüren.

Dann stehe ich mit hoch erhobenem Kopf im Regen, schaue in den dunklen Himmel und genieße jeden einzelnen Tropfen im Gesicht, fast wie jemand, der lange kein Wasser gesehen, geschweige denn auf der Haut gefühlt hat. Langsam und jeden Schritt auf dem weichen Boden bewusst setzend, gehe ich in Richtung Küche und Klassenzimmer. Und ohne dass ich weiter darüber nachdenke, hüpfe ich wie ein kleines Mädchen vor mich hin.

Mein Groll gegen den Regen und mich selbst ist wie weggewaschen. Dafür hat sich in mir ein Gefühl breitgemacht, das nur einen Namen kennt: Genuss. Es ist purer Genuss, der mich erfüllt und bis in die Fußspitzen fühlbar ist. Genuss ob der Unmittelbarkeit und der Kraft der Natur. Genuss für meinen Körper, das Leben. Als ich immer noch vor mich hin hüpfend im Klassenzimmer ankomme, bin ich nicht nur bis auf die Haut durchnässt, sondern auch in einer höchst euphorischen Stimmung.

Im Schein meiner Taschenlampe sehe ich einen mich ungläubig anstarrenden, relativ trockenen Daniel.

»Was machst du hier mitten in der Nacht?«, frage ich ihn erschrocken. Ich hatte um diese Uhrzeit mit niemandem gerechnet.

»Mein Zelt leckt«, brummelt er müde und leicht genervt vor sich hin.

»Meins auch«, sage ich. »Aber weißt du was, zur Feier des Tages koche ich uns deutschen Kaffee.«

Wenn es noch einen Beweis für ihn brauchte, dass ältere deutsche Frauen leicht verrückt sind, dieser ist nun erbracht. Ich sehe es in seinen Augen. Dennoch nickt er und lächelt. Ich gehe durch den etwas schwächer werdenden Regen Richtung Küche. Es ist Zeit für das Luxusgeschenk, das ich mir selbst an unserem freien Tag gemacht habe. Ein Tasse Jacobs Krönung aus einer echten Tasse. Was bin ich doch für ein Spießer, denke ich, und denke auch an Frau Sommer, die früher im Fernsehen immer den Kaffee für besondere Gelegenheiten gekocht hat. Das hier ist definitiv eine besondere Gelegenheit.

Die große Erkenntnis oder: Die Sache mit der Freiheit

Manche Erkenntnisse schleichen sich an einen heran und springen einen geradezu an, obwohl man gar nicht über das Thema nachgedacht hat. Meine große Erkenntnis näherte sich lautlos und ohne jedes Vorzeichen auf einem abendlichen Spaziergang durch den Busch. Für jemanden, der den größten Teil seiner Karriere damit verbracht hat, sich in langwierigen Prozessen Lösungen für Probleme auszudenken, war eine derart plötzliche Erkenntnis, der keine mentale Vorarbeit vorausging, ausgesprochen merkwürdig.

Mein Spaziergang mit unserem Chef-Ranger Dean ist seinem guten Willen geschuldet, mir eine Extraportion Spurenlese-Know-how angedeihen zu lassen. Es ist kurz vor fünf nachmittags, als wir das Camp zu Fuß verlassen. Es ist eine Zeit im Busch, die ich sehr liebe, denn die Hitze des Tages nimmt ab, und das Licht bekommt schon eine leicht rötliche Färbung. Die Tiere scheinen irgendwie aktiver zu sein als untertags. Vielleicht wissen sie, dass bald die Dunkelheit hereinbricht und mit ihr die Gefahren der nachtaktiven Jäger wie Eulen, Schakale und natürlich Löwen auf sie zukommen, und sie wollen die letzten Stunden des Lichts entsprechend genießen.

Als wir wie immer schweigend durch den Busch laufen, nur ab und zu stehen bleiben, um Spuren auf dem Boden zu analysieren, empfinde ich ein merkwürdiges Hochgefühl. Nicht die Euphorie eines gelungenen Projekts oder erreichten Erfolgs, sondern eher ein stilles, aber enorm starkes Glücksgefühl, und ich denke, dass es keinen, wirklich gar keinen Ort auf der Welt gibt, wo ich im Moment lieber wäre, als hier zwischen kratzenden Dornenbüschen und an der Wade kitzelnden Gräsern. Das verblüfft mich, denn ich kenne wunderbare Orte überall auf der Welt. Aber meistens, wenn ich dort bin, mache ich bereits Pläne für die nächste Reise, das nächste Projekt. Immer weiter. Immer auf der Suche. Aber hier nehme ich eine große Ruhe und Zufriedenheit in mir wahr, obwohl es weiß Gott nichts an Annehmlichkeiten im Äußeren gibt, die diese Zufriedenheit erklären würde.

Die Gedanken und Gefühle drehen sich so sehr in meinem Kopf und im Herzen, dass ich schließlich die Geräuschlosigkeit unterbreche. Ich sage zu Dean, ohne vorher über meine Worte nachzudenken oder sie bereits zu wissen (es ist fast so, als ob sie sich von selbst formulieren): »In Deutschland, in meinem Job, da arbeite ich so hart für alles. Wie kann es sein, dass mir hier nichts fehlt von all dem, wofür ich zu Hause so hart arbeite?«

Dean bleibt stehen, dreht sich um und sieht mir lange und ruhig mit seinen hellwachen grüngrauen Augen ins Gesicht. Eine merkwürdige Stille ist zwischen uns, und jedem von uns ist intuitiv klar, dass dies ein besonderer

Moment ist, der aus nichts anderem besteht als aus Ehrlichkeit und Offenheit. Ich halte seinem Blick stand, und schließlich sagt er: »Darüber würde ich mal nachdenken, wenn ich du wäre.«

Ich bin ob der Kürze seiner Antwort nicht überrascht. Dean ist kein Freund großer Worte. Aber die braucht es auch nicht. Denn er hat recht. Darüber sollte ich wirklich nachdenken.

Denn wenn das, wofür man arbeitet, nicht das ist, was einem innere Ruhe und Zufriedenheit schenkt, dann sollte man nachdenken. Und man sollte immer mal wieder, auch oder insbesondere als Erwachsener, über das in seinem Leben nachdenken, was einem wichtig ist. Und was einem wichtig ist, merkt man speziell dann, wenn es nicht mehr da ist. So wie die Gesunden viele Wünsche haben, aber Kranke nur einen, so wird mir auf einmal klar, was mein Irrglaube war. Ich dachte, das, was ich während meiner beruflichen Karriere erreicht hatte und sich in schönen Dingen manifestierte, wäre mir wichtig. Ich dachte auch, sie würden mir fehlen, wenn sie weg sind. Aber in diesem Camp, Tausende Meilen entfernt von allen Äußerlichkeiten, erkenne ich meine eigene Wahrheit. Unverhofft und ohne Vorwarnung, schweigend und auf dem Weg durch den afrikanischen Busch. Ich vermisse nichts im Außen, aber Etliches im Innen. Zum Beispiel eine Ruhe, die nicht unruhig macht.

Diese Erkenntnis gibt mir ein Gefühl von Freiheit und Klarheit, das ich noch nicht einmal als Unternehmerin erlebt habe. Zu wissen, ich kann auf (fast) alles im Außen verzichten, lässt mich eine nie so empfundene innere Stärke und Unabhängigkeit spüren. Während wir weiterlaufen, beschließe ich frohen Herzens, diese Stärke ab sofort mehr für ein Leben einzusetzen, in dem Innen und Außen eine bessere Balance haben.

Als wir im Camp ankommen, klopfe ich Dean dankbar auf den Rücken, während er seine Waffe in den Waffenschrank sperrt.

»Willst du ein Bier?«, frage ich. »Ich lade dich ein.«

»Gerne«, sagt er, und dann: »Du hast heute viel gelernt.«

Ich blicke ihn erstaunt an, denn meine weiteren Gedanken zum Thema unseres Spaziergangs kennt er ja nicht, und die wenigen Spuren, die wir gefunden haben, kann er nicht meinen. Aber er nickt irgendwie wissend und beendet das Gespräch in echter Ranger-Manier mit einem weisen mehrdeutigen Spruch, der keiner Antwort oder Erwiderung bedarf. »Ein guter Spaziergang hilft immer.«

Waka Waka –
der große Prüfungstag ist da

Heute ist es so weit. Der große Prüfungstag ist da, und diesmal wache ich wieder mit Ben auf. Ich hatte ihn vor dem Schlafengehen auf vier Uhr gestellt. Ich will die letzten Stunden vor der Prüfung dazu nutzen, mein Kurzzeitgedächtnis mit weiterem Wissen vollzupumpen. Am Abend hatte ich mir deswegen schon alles hierfür Notwendige zurechtgelegt. Taschenlampe, Fachbücher, Traubenzucker, Papier, Schreibzeug. Todmüde, aber höchst diszipliniert mache ich mich mit Ben und allem Lernstoff bepackt auf den Weg Richtung Küche und setze einen großen Pott deutschen Kaffee auf. Währenddessen stelle ich fest, dass auch mein zweites Paket Kaffee nahezu aufgebraucht ist. Egal. In zwei Tagen ist der Spuk hier eh vorbei. Bin ja mal gespannt, ob ich dann Rangerin bin.

Während sich das Wasser auf dem Gaskocher langsam erwärmt, setze ich mich schon an den Küchentisch, einen meiner Lieblingsorte der letzten Woche. Die vergitterten

Fenster geben mir ein Gefühl der Sicherheit und verhindern das ansonsten andauernd notwendige Ableuchten des um diese Zeit immer noch stockdunklen Umfelds des unbegrenzten Camps nach unerwünschten Besuchern.

Als das Kaffeewasser kocht, bin ich schon vollkommen in Stoffwechselprozesse bei Insekten vertieft. Aber als die erste Tasse in meinem Bauch ist, lege ich das Lehrbuch zur Seite und ziehe Ben aus der Hosentasche. Ich suche mir das Lied heraus, was ich an meinem einzigen freien Tag voll purer Freude gehört habe, und stelle Ben auf laut. Hoffentlich geht keiner um kurz vor halb fünf draußen vorbei, denn der Blick nach innen wäre mega-peinlich. Da tanzt eine strubbelige deutsche Geschäftsfrau mit Stirnlampe am Kopf inmitten einer dunklen, in Europa bestenfalls als provisorisch durchgehenden Küche rund um einen wackeligen Tisch zu den Klängen von Shakiras *Waka Waka*. Dazu singt sie mit verzücktem Gesicht den Text mit, beide Arme nach oben in Siegerpose, und den Po wild im Rhythmus drehend: »*Today's your day, / I feel it, You paved the way, / Believe it / If you get down, / Get up oh, oh, / When you get down / Get up eh, eh / Tsamina mina / Zangalewa / This time for Africa / Tzamina mina eh eh, / Waka Waka eh eh …*«

Am Ende des Liedes, drücke ich die Replay-Taste, und tatsächlich, nach dreimaligem Anhören ist die Anspannung aus meinem Körper raus. Ich freue mich sogar auf das, was kommt, und das ist eine Menge.

Nachdem alle versammelt sind, wird zunächst ausgelost, wer welche Tour mit den Prüfern fährt. Jede dauert drei Stunden, und wir alle hatten die Tage vorher außer Lernen nichts anderes gemacht, als unsere Tour so gut wie irgend möglich vorzubereiten und zu überlegen, wie wir sie zu einem speziellen Ereignis für die mitfahrenden Gäste (unser Aushilfs-Ranger Robin, Dean, John sowie zwei Prüfer, die dem südafrikanischen Wildhüter-Verband angehörten) machen können. Das, so wurde uns gesagt, sei nämlich mit die wichtigste Aufgabe eines Rangers auf einer Pirschfahrt in den Busch. Seinen Gästen ein ganz besonderes Erlebnis zu verschaffen, möglichst eines, was die ihr Leben lang nicht vergessen werden.

Nun kann keiner von uns vorhersehen, welche Tiere uns in diesen drei Stunden begegnen werden, und selbstverständlich müssen wir dann zu allen etwas zu sagen haben. Das ist unter Umständen, zumindest in meinem Fall, schwierig, wenn es sich um einen Vogel handelt. Aber das zählt insgesamt nur zur zu einem guten Drittel, das hatten wir im Vorfeld in Erfahrung gebracht und in unserer Mini-Gruppe auch diskutiert. Der Rest der Punktzahl ergibt sich durch Auftreten des Rangers, äußeres Erscheinungsbild, Einhalten der Sicherheitsbestimmungen, Betreuung der Gäste sowie dem Tour-Erlebnis insgesamt. Und das machte mir immerhin so viel Hoffnung, dass ich mir ausrechnete, unter günstigen Umständen tatsächlich bestehen zu können. Die Chance war auf jeden Fall da. Und an diesem Morgen bin ich wild entschlossen, tatsächlich auch den letzten Schritt des Weges zu gehen, der mich zu meinem Kindheitstraum bringt, und die Prüfung erfolgreich hinter mich zu bringen. Die Latte schien immer noch hoch zu hängen, aber nun kam sie mir auf einmal machbar vor.

Ich hatte eine Route ausgearbeitet, die landschaftlich wunderschön ist. Sie führt ein ganzes Stück am Fluss entlang und erlaubt immer wieder Blicke auf große Maulbeerfeigenbäume und Ebenholzgewächse im Flusslauf. Auch kann man, wenn man am späten Nachmittag vorbeikommt, dort oft Tiergruppen beim Trinken zwischen den großen Granitbrocken im Wasser beobachten. Zebras, Impalas oder Elefanten. Da ich viel über diese Tiere weiß, ist das für mich auch eine Möglichkeit, mit meinen Ausführungen zu punkten (und das war nachher auch so). Später soll meine Tour den Flusslauf kreuzen, und im breiten Sand des ausgetrockneten Bettes weiter oben will ich dann auf einer Tischdecke selbst gebackenes Bananenbrot, Wasser, Kaffee und – als kulinarischen Höhepunkt – Amarula zum Testen anbieten. Klar, dass ich vorher an passender Stelle die Marula-Nuss präsentieren werde, aus der dieses Getränk hergestellt wird. Es soll schließlich alles perfekt werden, und so, wie es sonst kein Ranger machen würde. Ja, ich habe mir alles genau überlegt und ziehe auch die Register der echten Hausfrau. Dieses Gen ist zwar in mir nicht besonders stark ausgeprägt, aber zum Kuchenbacken reicht es.

Nach dem Picknick für Ranger und Gäste soll meine Tour dann auf der östlichen Seite des Flusslaufs weitergehen. Ich hoffe, dass ich die letzte Tour des Prüfungstags ziehe, Tour vier, denn dann würden wir direkt in den Sonnenuntergang fahren. Und zudem sind abends weniger Vögel als morgens unterwegs und kreischen herum. Das war meine Kalkulation. Was für ein Plan! Und für ein solches Rundumspektakel musste es, so kalkuliere ich, doch einfach gute Bewertungen geben!

Die Stoffwechselprozesse der Insekten vergesse ich für eine Weile, denn nun wird es hell, und ich muss mich den teils sehr banalen, aber durchaus wichtigen Vorbereitungen der Prüfung widmen, wie Uniform waschen und in Ermangelung eines Bügeleisens möglichst knitterfrei aufhängen, Schuhe putzen und Auto waschen. Da es im Camp sechs Jeeps gibt, hat jeder Prüfling seinen eigenen Wagen, den er aufmöbeln kann oder auch nicht. Sammy und Daniel machten diesbezüglich keinen Finger krumm, aber da ich eh nicht die Beste in der Gruppe bin, lasse ich keine Möglichkeit aus, um auch in dieser Beziehung ein Gesamtkunstwerk zu zaubern. Diese kleinen Details werden in der Prüfung *outer appearance* genannt und bringen nur mickrige Punkte, aber in meinem Fall ist jeder einzelne Punkt wichtig. Wer Menschen bewegen will, sollte auf die Einzelheiten seines Handelns achten.

Während ich alle Vorbereitungen, die mir einfallen, sorgsam verrichte, habe ich in meinen Ohren die Kopfhörer von Ben, damit ich keine Sekunde vom Vogelstimmenlernen verpasse. Nicht ohne eine Mischung aus Sorge und Selbstzweifeln denke ich plötzlich an das, was prüfungstechnisch vor mir liegt. Es kann einfach so verdammt viel schiefgehen. Ein Tier, dessen Name oder Brutverhalten ich nicht beschreiben kann, könnte unseren Weg kreuzen und meine Prüfer zu einer Frage an mich veranlassen. Es könnten Fährten auf dem Weg sein, die ich nicht zu interpretieren, Bäume oder Gräser, die ich nicht zu benennen weiß, die aber irgendwo im Blickfeld der Prüfer auftauchen – und dann würde es eng werden. Während ich vogelstimmenuntermalt vor mich hin werkele und mental von einem möglichen Prüfungsproblem ins nächste stolpere, nähert sich Dean und tippt mir von hinten auf die Schulter.

Ich erschrecke fürchterlich, denn ich hatte ihn gar nicht kommen hören, was allerdings bei dem Gezwitscher in meinen Ohren nicht wirklich erstaunlich ist. Er blickt mich aufmunternd lächelnd an und sagt: »Die Lose sind gezogen. Du fährst Tour vier.«

»Das ist gut«, erwidere ich, mich innerlich über mein Glück freuend, meine Wunschtour bekommen zu haben.

»Wann geht es los?«

»Um vier«, sagt er. »Du hast noch Zeit.«

Ich schaue auf die Uhr und bin froh, dass es noch nicht einmal elf ist: Also noch fünf Stunden. Es sollen die längsten meines Lebens werden. Aber als die mentale Anspannung so groß geworden ist, dass ich meine, zu zerplatzen, entscheide ich mich, den Spieß umzudrehen und im Kampf gegen die Versagensangst wieder die Oberhand zu gewinnen. Ich frage mich, was das Schlimmste ist, was mir passieren kann – und bin höchst beruhigt, als mir auch bei längerem Nachdenken nichts wirklich Schlimmes einfällt. Noch nicht einmal die Vorstellung, meinen Mitarbeitern in Deutschland sagen zu müssen, dass ich leider durch die Prüfung gefallen und doch kein Ranger geworden bin, schreckt mich. Obwohl ich natürlich, wie alle Chefs wahrscheinlich, schon sehr gerne als Held zurückkäme. Das gebe ich mir selbst gegenüber zu, aber ich höre noch die Worte meiner Assistentin, als ich ihr das erste Mal von meiner Entscheidung für den Busch erzählte. Sie sagte: »Wow! Aber in spätestens zwei Wochen sind Sie wieder hier.« Und auch der Rest vom Team war einer Meinung und hat, wie ich allerdings erst später erfuhr, auf meinen Verbleib oder Ausstieg Wetten abgeschlossen. Nun ja, alle haben am Ende ihre Wetten verloren, denn auf Sieg hatte niemand gesetzt. Ich kann es ihnen noch nicht einmal verdenken, aber als ich um kurz vor vier neben meinem geputzten Jeep nervös auf und ab laufe und auf die angemeldeten Prüfer warte, denke ich: Es ist mein

Traum. Und jetzt gehe ich auch den letzten Schritt! *Waka Waka*, heute ist mein Tag! In mir spüre ich den Beat des hundertfach in den letzten Wochen gehörten Songs, und als die Truppe auf mich zukommt, lächle ich und begrüße die Gäste so, als ob ich mein Leben lang nichts anderes getan hätte.

Meine Prüfungsfahrt verläuft, unterbrochen von Stopps zur Beobachtung einer Elefantenherde, etlichen Impala-Gruppen und vier Giraffen, vom Erlebnisstandpunkt aus gesehen perfekt. Auch bei der Beantwortung von Fragen zu Bäumen, Tierspuren und Herdenverhalten – »Was machen Sie, wenn Sie mit Gästen zu Fuß unterwegs sind und einen Elefantenbullen entdecken, auf dessen Wange eine feuchte Spur zu erkennen ist?« – gibt es, was mich fast erstaunt, keine Probleme. Und bis kurz vor Schluss verläuft alles nahezu unglaublich ideal. Es passt einfach alles. Sogar die Vögel, die wenigen, die sich zeigen, kann ich – bis auf eine Ausnahme – korrekt benennen. Und während wir das mitgebrachte und auf einem Stein schön ausgebreitete Picknick zu uns nehmen, bin ich so entspannt wie selten in meinem Leben. Ich glaube, es ist mir sogar egal geworden, wer was wie bewerten wird.

Ich liebe die Tour, die Fragen, die Menschen und genieße jeden Augenblick als Ranger. So fühlt es sich also an, ein solcher zu sein, denke ich mir. Herrlich! Was wohl auch daran liegt, dass ich zum ersten Mal selbst habe entscheiden können, was ich meinen »Gästen« zeigen und erklären will, an welchem Baum ich halten will. Ich bin am Drücker! Besser kann es gar nicht sein.

Wenige Minuten später blase ich zum Aufbruch, verstaue das Picknick im Jeep und achte darauf, das nichts zurückbleibt, denn das würde aus ökologischer Perspektive einen Punktabzug bringen. Wir fahren Richtung Camp, und ein Blick auf die Uhr zeigt mir, dass in zehn Minuten die Prüfungszeit abgelaufen sein wird. Und das ohne bisheriges Fiasko. Mein Herz macht einen freudigen Hüpfer, und ich erzähle meinen Gästen noch abschließend einiges über eine afrikanische Vogelart, den Hammerkopf, denn am Rande des Flusslaufs hatten wir sein Nest gesehen.

Die Nester dieser Vögel sind nicht nur ein gigantisches, bis zu fünfzig Kilo wiegendes architektonisches Meisterwerk aus teils riesigen Ästen, was Männchen und Weibchen gemeinsam bauen. Sie sind gleichzeitig eine territoriale Markierung für etwaige Rivalen, und in den Astgabeln von großen Bäumen in Wassernähe so stabil errichtet, dass ein ausgewachsener Mann auf dem Dach des oben geschlossenen Nestes stehen kann. Spannenderweise scheinen die Hammerköpfe genau zu wissen, wie hoch oben sie ihre Nester bauen müssen, damit sie bei Überflutungen der Flüsse während der Regenzeit nicht weggeschwemmt werden. Ich hatte gelesen, dass die Einheimischen den Stand ihrer Hütte von der Höhe der Hammerkopfnester abhängig machen und damit seit Jahrhunderten gut fahren.

Nach dieser Geschichte schaue ich auf die Uhr und stelle fest, dass die dreistündige Prüfungszeit abgelaufen ist. Ich halte den Jeep an, setze mich in Ranger-Manier auf den Türholm, blicke Gäste und Prüfer an und sage: »Wir sind kurz vor dem Camp, und es ist Zeit für mich, Danke zu sagen. Ich hoffe, Sie haben die Tour genossen. Und in den nächsten zehn Minuten zum Camp werde ich Ihnen die Gelegenheit geben, ohne mein weiteres Reden die Natur und ihre Stimmen zu genießen und vielleicht auch in sich selbst hineinzuhorchen. Sie werden feststellen, Afrika hat Ihnen viel zu erzählen.«

Das gab es noch nie in einer Prüfung, dass ein Ranger-Schüler die Tour nicht erst auf dem Parkplatz am Camp beendet. Ich sehe das in den erstaunten Gesichtern der Prüfer, aber ich rutsche auf den Fahrersitz zurück und fahre los, ohne ein weiteres Wort zu sagen. Der Himmel verfärbt sich langsam rot, und als wir gut zehn Minuten später im Camp ankommen und aussteigen – keiner hatte tatsächlich während des Rests der Fahrt gesprochen –, klopft mir Paul, einer der Prüfer, anerkennend auf die Schulter und sagt: »Das am Ende, mal die Ruhe zu genießen, das war großartig. Und die Tour war es auch. Mit viel Leidenschaft und Herzblut. Man hat gespürt, dass Sie die Prüfung nicht einfach mal so machen wollten, Sie lieben Afrika, Sie lieben Südafrika... Für Sie ist es ein großes Geschenk, in diesem Land zu sein.« Ohne ein weiteres Wort dreht er sich um und geht davon, den Prüfungsblock unter den Arm geklemmt. Ich sehe ihm nach und weiß: Ich habe es geschafft! Das war wirklich mein Tag!

Robin, mein Lieblingsranger, kommt ums Auto herum, zwinkert mir zu und sagt: »Du warst großartig. Wofür der ganze Stress vorher?«

Beschämt senke ich den Kopf, wissend, dass ich Dean, John und auch ihn mit meinen Dauerfragen und meiner schlechten Laune ob der Ergebnisse in allen theoretischen Prüfungen immer wieder an den Rand des Wahnsinns getrieben habe. Aber dann hebe ich den Kopf, grinse ihn an und sage: »Tja, was soll ich sagen? Man soll die Frauen nicht unterschätzen.«

Und dann gehe ich leicht wie eine Feder und frohen Herzens Richtung Lagerfeuer. Ich bin tatsächlich Ranger!

Als ich später am Abend auch schwarz auf weiß das Ergebnis der Prüfungen sehe, denke ich: Alles ist möglich. Sogar das, was man für unmöglich hält.

Der Kreis schließt sich: Mein Treffen mit Intombi

Bewusst hatte ich mir bei der Planung meiner Reise noch einen Tag im Camp vor meiner Abfahrt nach Johannesburg frei gelassen. Ich hatte keine Ahnung, was ich mit diesem Tag anfangen wollte, aber irgendwie war ich der Meinung, dass mein in Deutschland übliches Hetzen von einem Termin zum nächsten in Afrika nicht angebracht war. Insofern beobachtete ich die Abreisevorbereitungen der Jungs am Morgen nach der Prüfung sehr gelassen, und trotz des merkwürdigen Gefühls beim Abschied (es waren ja immerhin meine Weggefährten etlicher Wochen in der Wildnis) freute ich mich auf die Ruhe im Camp, nachdem alle, bis auf die Ranger, abgefahren waren. John und Dean hatten viel zu tun, um das Camp wieder auf Vordermann zu bringen und für den nächsten Kurs, der in drei Tagen beginnen sollte, bereit zu machen.

Als diese Ruhe dann einkehrt und ich gerade vor meinem Zelt sitze, immer noch das Prüfungswunder des

Vortags nicht wirklich fassen könnend, bin ich daher wenig erbaut, als ich eine Stimme höre, die nach mir ruft. Es ist Robin, und er fragt, ob er mich irgendwohin mitnehmen kann. Was für eine Frage. Ich bin froh, im Augenblick nirgendwo hin zu müssen, und ich bin mir zudem auch noch nicht über meine Gefühlslage im Angesicht meiner Abreise am nächsten Tag klar. Ich denke, dass Alleinsein für mich gut wäre, aber irgendwas sagt mir, ich solle noch länger mit Robin sprechen, und nach wenigen privaten Sätzen – ansonsten hatten wir von den Rangern nie etwas aus ihrem Privatleben erfahren – ist mir der Grund dafür auch klar.

Robin hat einen ähnlichen Hintergrund wie ich. Er war zum Teil das, was ich bin, ein vielbeschäftigter Großstadtmensch und Bürotiger. Er ist Holländer und hat in seiner Heimat eine Bilderbuchkarriere in einem Softwarekonzern hingelegt. Als Kind hatte er, genau wie ich, mit seinen Eltern in Südafrika gelebt und sich vorgenommen, eines Tages in dieses Land zurückzukommen. Bis das geschah, verging noch viel Zeit, auch eine Scheidung hatte er durchzustehen, aber heute lebt und arbeitet er im Busch als Ranger. An Holland bindet ihn, außer den regelmäßigen Besuchen seiner Eltern, nichts mehr. Während er mir seine Geschichte erzählt, frage ich mich, ob ich neidisch bin und mir wünsche, auch die Konsequenz meines Kindheits-Ranger-Wunsches zu leben. Dank meiner absolvierten Ausbildung wäre es ja möglich. Ich bin aber höchst beruhigt, dass sowohl ich als auch meine innere Stimme ganz klar sagen: Nein, du bist keine, die dauerhaft in den Busch gehört. Allerdings, so flüstert die innere Stimme weiter, könnte ich ja vielleicht öfter hier sein und anderen alltagsgeplagten Managern ähnliche

Erlebnisse und Einsichten vermitteln – die Geburtsstunde einer Idee, deren Zeit gekommen ist.

Ich freue mich nun, dass Robin hier ist. Wir verstehen uns auf Anhieb, nicht umsonst habe ich ihn zu meinem Lieblingsranger erkoren. Ich krame meine restlichen Leckereien und kulinarischen Schätze aus meinem Zelt heraus, er holt Sprite und Cola (diesmal sind die Dosen – merkwürdigerweise – sogar gut gekühlt) und wir reden über die vielen Möglichkeiten, bei denen der Mensch von Afrika lernen kann. So sitzen wir lange vor meinem Zelt und philosophieren über die Natur, die Tierwelt Afrikas, das verrückte Leben in Deutschland und die Idee, mehr Zivilisations- und Bürotigern wie mir Afrika (und sich selbst) nahezubringen. Eine hoch spannende Idee, deren Mehrwert ich mir für viele gestresste Menschen gut vorstellen kann. Aber ich beschließe, die weiteren Gedanken daran zurückzustellen, denn was habe ich im Busch gelernt: Alles zu seiner Zeit.

Robin wiederum ist die Ruhe selbst. Er berichtet davon, dass er glücklich ist, holländische, amerikanische und deutsche Geschäfts- und Privatleute durch den Busch führen zu können, wobei die individuellen Touren seine deutsche Lebensgefährtin Claudia zusammenstellt. Sie beide scheinen voll und ganz in ihrem Lebenstraum von Afrika aufzugehen. Ich stelle mir meine Kunden aus dem Bundestag oder den deutschen DAX-Etagen vor, wie sie mit Robin zu Fuß auf Pirsch gehen, allesamt in ihrem Job die puren Alphatiere, und dann einem echten Alpha-Löwen gegenüberstehen. Das verschiebt die Perspektiven von Macht und Einfluss, da bin ich überzeugt.

Schließlich kommen wir noch auf ein anderes Thema zu sprechen. Robin berichtet von einem Reservat in der

Nähe, das nicht nur über einen Swimmingpool verfügt (was für eine verlockende Idee in der flirrenden Hitze des Mittags!), sondern auch über junge domestizierte Löwen und Geparden, die sich frei unter den Gästen bewegen. Das ist angeblich wenig gefährlich, da sie alle von Menschenhand aufgezogen wurden und an die Zweibeiner von klein an gewöhnt sind. Ich bin elektrisiert. Einen Gepard aus der Nähe sehen, ihn eventuell sogar streicheln? Mit Löwen morgens durch den Busch wandern? Das muss ich sehen! Flugs bitte ich Robin, dort anzurufen und zu fragen, ob das Reservat noch eine Hütte für meine letzte Nacht frei hat – und tatsächlich habe ich Glück. Da es zudem auf Robins Weg liegt, kann er mich später sogar ohne Probleme dort absetzen. Nach einer rasanten Packaktion und einem eiligen, aber herzlichen Abschied von den Rangern – ein typischer Kerstin-Plehwe-Abschied, ratzfatz, bum und weg – sind wir schon eine Stunde später auf der Strecke in das etwa 45 Minuten entfernte Tshukudu-Camp.

Dort angekommen, lockt dort tatsächlich ein großer Swimmingpool, und ich habe nach den Wochen in der Wildnis das Gefühl, im Paradies zu sein. Mein Monstergepäck schleppe ich in Blitzgeschwindigkeit in die mir zugewiesene Hütte, und in Windeseile bin ich mit Bikini und Fototasche zurück am Pool, eifrig nach rechts und links schauend, um auch ja nicht die erste Sicht auf die zahmen Löwen oder Geparden zu verpassen. Ich muss nicht lange warten. Schon kurze Zeit später schreitet eine ausgewachsene Geparden-Dame am Pool entlang, dreht eine majestätische Runde und lässt sich schließlich nicht weit entfernt graziös im Schatten nieder. Meine Euphorie kennt keine Grenzen.

Mit einer Kamera bewaffnet, gehe ich langsam, aber ohne die geringste Angst zu der Geparden-Lady und setze mich neben sie auf den Boden. Sie blickt mich aus bernsteinfarbenen Augen interessiert an und rollt sich auf die Seite. Beim Einchecken hatte man mir an der Rezeption gesagt, dass man alle frei umherlaufenden Tiere des Reservats streicheln dürfe, Geparden allerdings nicht am Bauch. Also vermeide ich es, die Dame am Bauch zu berühren, und liebkose sanft den kleinen, relativ runden Kopf, die Schultern und die Seite. Was für ein weiches Fell! Es vibriert fast unter meinen Händen, als die Gepardin ein tief schnurrendes, fast brummendes Geräusch (viel lauter als das Schnurren einer Hauskatze) von sich gibt. Beim Streicheln spüre ich deutlich die Rippen unter meinen Fingern, und ich bewundere die schlanke Schönheit dieses Tieres. Sie scheint sich hier mit mir ganz wohlzufühlen. Ich wiederum bin hin und weg und verbringe gefühlte Stunden fotografierend und streichelnd neben diesem grandiosen Tier, an dem ich mich weder sattsehen noch sattstreicheln kann. Irgendwann aber zuckt ihre Schwanzspitze etwas heftiger als normal, ihr wacher Blick wandert durch den Garten der Anlage nach rechts, und sie steht langsam auf, reckt sich und schreitet von dannen.

Ich blicke ihr nach und hoffe inbrünstig, dass ich sie heute noch öfter zu Gesicht bekomme. Zudem frage ich mich, ob mir diese Begegnung irgendjemand in meinem Büro glauben wird. Bei nächster Gelegenheit will ich einen der Gäste bitten, ein Foto von dem Geparden und mir zu machen.

Abends, beim Essen am Lagerfeuer, lerne ich dann von einem dortigen Ranger, dass der Name der Geparden-Dame Intombi und sie drei Jahre alt ist. Sie hat noch zwei

Brüder, die ebenfalls im Camp leben, die aber deutlich öfter als sie auf externe Beutezüge gehen. Intombi begibt sich nur ab und an für ein leckeres lebendiges Zubrot zu ihrer Camp-Kost nach draußen. Die Mutter der drei Geschwister wurde vor Jahren getötet, und die Ranger erzählen den Gästen auch, dass es die Geparden-Lady ist, die von den Geschwistern meist am morgendlichen Marsch mitkommt. Der beginnt um sechs Uhr und ist in meinem Übernachtungspreis inbegriffen. Ich bin hocherfreut, dass ich daran teilnehmen kann, erst um zehn soll mein umgebuchter Transfer nach Johannesburg und zurück in die Zivilisation eintreffen.

Noch lange sitze ich mit den Rangern am Feuer und lerne viel über Geparden (auf Englisch: *cheetahs*), die schnellsten Landsäugetiere der Welt. Vor allem lerne ich, dass sie, ebenso wie Elefanten, Nashörner und andere gefährdete Tiere Afrikas, sehr unter den steten Eingriffen der Menschen in die Natur leiden, denn sie sind lange nicht so anpassungsfähig wie die Vertreter einer ähnlichen Katzenart, die Leoparden.

Die bekannteste und erstaunlichste Fähigkeit der Geparden ist die große Geschwindigkeit, die sie bei der Jagd an den Tag legen können. Ähnlich wie bei den Hyänen stellt man fest, dass ihr gesamter Körper, von den großen Nasenlöchern und Lungen bis zum langen Schwanz, der in Kurven wie ein Ruder eingesetzt wird, hierfür bestens ausgestattet ist. Geparden können bis zu hundertzehn Stundenkilometer schnell jagen, allerdings können sie diese Geschwindigkeit nur über wenige Hundert Meter halten. Dennoch. Ich denke an einen Kleinwagen auf deutschen Autobahnen – und bin beeindruckt.

Auch lerne ich, dass Intombi aus der Sprache der Xhosa kommt, eine Bevölkerungsgruppe, der auch Nelson Mandela angehört, und die ursprüngliche Bedeutung des Wortes *intombi* »kleines Mädchen« ist.

Ich fasse es nicht. Da treibt mich mein eigener Kindheitstraum nach Südafrika, der Berufswunsch eines kleinen, nicht ganz zehnjährigen Mädchens. Und nach Wochen voll unglaublicher Erlebnisse in der Natur und des stets besseren Kennenlernens meiner selbst schließt sich mit Intombi der Kreis des kleinen Mädchens. Was soll ich dazu sagen? Ich will ja nicht zum Esoteriker werden, aber: Ich danke im Geiste Robin, mir selbst und der ganzen Welt, dass ich hierhin kommen durfte, um mit 43 Jahren endlich Intombi zu begegnen.

Der letzte Morgen im Busch

Mein treuer Ben weckt mich. Das ist merkwürdig, denn in den letzten Wochen waren es immer die Vögel, die diese Aufgabe lauthals übernommen haben (bis auf den Prüfungstag). Aber heute habe ich keine gehört, was nicht allzu verwunderlich ist, da sich die Hütten des Tshukudu-Camps in einem wunderschön angelegten und gigantisch großen Gartengelände und nicht direkt in der Savanne befinden. Auch habe ich ja heute Nacht zum ersten Mal seit Wochen nicht in einem Zelt, sondern wieder in einem hausähnlichen, wenn auch runden Gebäude mit Reetdach, einem kleinen *rondavel*, geschlafen und, was für ein Luxus, in einem richtigen Bett inklusive riesigen Moskitonetzes. Da bleiben die Geräusche der Natur ein bisschen auf der Strecke. Schade eigentlich.

Es ist 5.30 Uhr, und in einer halben Stunde soll der Marsch durch den Busch beginnen. Ich hoffe inständig auf Intombi als Begleiterin. In Windeseile bin ich angezogen, um mir noch vor dem Start mindestens zwei Becher Kaffee einzuverleiben. Ich glaube fast, das ist das Einzige, was sich während der letzten Wochen in Afrika nicht in mir verändert hat. Mein morgendlicher, schier unstillbarer Kaffeedurst, der in meinem deutschen Alltag nur zu gern bei Starbucks gestillt wird. Dieser hatte in Afrika zwar unter dem schlechten Camp-Kaffee sehr gelitten, und auch meine Kaffee-Einkäufe hatten nur kurz für Abhilfe gesorgt, aber vergangen war der Wunsch nach einem guten morgendlichen Kaffee nicht.

Als ich um die Ecke zum Treffpunkt auf der Terrasse des Restaurants biege, höre ich ein fröhliches »*Good morning*« von einem der Ranger. Der junge Mann mit einem offenen, freundlichen Gesicht und blonden Haaren, ich schätze ihn auf maximal 25, trägt eine perfekt gebügelte Ranger-Uniform und isst eine Banane, während er noch auf die anderen Mitglieder der Gruppe wartet. Er stellt sich als Timmy vor, und während ich nach der Kaffeekanne greife und seinen Gruß erwidere, frage ich ihn, wie ein Sektkorken aus einer Flasche schießend: »Hast du Intombi schon gesehen?«

Er lächelt nachsichtig (wahrscheinlich fragt das jeder zweite Tourist vor dem Morgenmarsch) und antwortet: »Sie ist irgendwo in der Nähe, aber zum Spaziergang ist sie sicher da. Sie liebt das.«

Cool, eine Tour also mit einem Geparden. Während ich meinen Kaffee trinke, stoßen andere Gäste zu uns, die auch gestern mit um das Lagerfeuer gesessen hatten: ein älteres Ehepaar aus Ohio, zwei junge Asiatinnen auf Weltreise und ein blasser Engländer, der seinen Winter in Afrika verbringt. Wie kann man so blass sein, wenn man seit Monaten in Afrika ist?, frage ich mich. Ich weiß keine Antwort, freue mich aber ob der Multi-Kulti-Zusammensetzung unserer Gruppe.

Das amerikanische Ehepaar hat vor wenigen Tagen seine goldene Hochzeit gefeiert, und die beiden sind echt süß im Umgang miteinander. In breitem amerikanischen Dialekt erzählt mir Tom, gut beleibt, hellwach und bestens gelaunt, dass es in wenigen Tagen nach Kapstadt weitergeht und wie sehr er das alles hier genießt. Ich liebe die Amerikaner. Bei ihnen wirkt alles immer so einfach. Und sie glauben im Gegensatz zu uns Deutschen, dass etwas möglich ist – statt unmöglich. Bei ihnen gibt es gut und schlecht, arm und reich. Dazwischen gibt es wenig, außer der Liebe zur Heimat und dem unverrückbaren Ja zur Freiheit. Ja, Amerika ist toll, und als er erfährt, dass ich im Obama-Wahlkampf vor Ort war und zu Hause das Thema USA für einen deutschen Fernsehsender kommentierte, ist er schier aus dem Häuschen vor Freude über unser Kennenlernen. Mit einem breiten Lächeln und einer ausladenden Handbewegung stellt er mich seiner Frau Ann vor, einer typischen amerikanischen Ehefrau. Gepflegt, superfreundlich, leicht übergewichtig. Ich bin sicher, sie wird mir noch im Lauf des Vormittags Fotos ihrer Collegekids zu Hause zeigen. Endlich: Ich bin wieder unter Menschen. Noch dazu Menschen, die Konversation führen.

Erst jetzt wird mir bewusst, wie wenig ich in den letzten Wochen im Camp gesprochen hatte und wie wenig Raum für Gespräche wie dieses gewesen war. Davon abgesehen waren wir im Camp ja auch meist mit dem Lernen oder Lesen für eine Prüfung beschäftigt.

Wenig später gibt Timmy das Signal zum Aufbruch. Intombi kann ich aber nirgends entdecken. Dennoch bin ich guter Dinge und reihe mich direkt hinter Timmy ein, der mit ruhigem Schritt und Gewehr in der Hand vorausgeht, nicht ohne uns vorher auf die Verhaltensregeln im Busch aufmerksam zu machen. Die kenne ich auch als Neu-Ranger mittlerweile auswendig, und ich grinse in mich hinein. Ach wie gut, dass niemand weiß ... Am Ende fragen mich sonst alle noch nach irgendwelchen Pflanzen und Tieren, die unseren Weg kreuzen. Ohnehin bin ich überzeugt, schon zwei Tage nach meiner Prüfung vieles vergessen zu haben. Während ich im Geiste meinem Kurzzeitgedächtnis für seine Leistung danke, sehe ich aus dem Augenwinkel Intombi seitlich aus einem Busch herauskommen. Ganz gemächlich, aber in klar erkennbarer Mission, uns begleiten zu wollen.

Wieder bin ich von ihrer Schönheit und Eleganz überwältigt, und während wir auf den Ausgang des Camps zusteuern, werde ich immer langsamer, bis ich schließlich die Letzte in der Gruppe bin und fast neben ihr laufe. Ein Morgenspaziergang mit einem Geparden, wie kann ein Tag besser beginnen?

Am Camp-Tor wartet ein weiterer Ranger auf uns, neben ihm zwei junge Löwen, vielleicht vier, fünf Monate alt. Sie scheinen die Reaktion unserer Gruppe, das eifrige Fotografieren und staunende Flüstern, zu kennen, denn es interessiert sie nicht im Geringsten. Auch für Intombi interessieren sie sich nicht. Die zwei Löwenbrüder haben nur ein Interesse: die intensive Begutachtung von frischem Büffeldung. Ich verziehe das Gesicht, vorausahnend, was jetzt kommt. Aber Ann, die vor mir steht und es kaum fassen kann, nur zwei Meter entfernt von Löwen zu sein, die noch dazu beginnen, frischen Dung zu fressen, zischt ihrem Mann zu: »Kannst du das glauben? Sie essen das.«

Tom, ganz Beschützer und liebevoller Ehemann, tätschelt ihren Arm und sagt: »Mach dir keine Sorgen. So sind sie immerhin beschäftigt und werden dir nichts tun.«

Was ein Witz sein sollte, kommt bei Ann nicht gut an, denn erschreckt zieht sie sich noch ein paar Meter zurück, skeptisch die beiden Löwen betrachtend.

Unsere Asiatinnen wiederum können gar nicht dicht genug herankommen. Sie machen eifrig Hunderte von Fotos und bitten mit piepsiger Mädchenstimme die Ranger dabei um Unterstützung. Einem Fotomodell ähnlich posieren sie neben und vor den Stinkelöwen, und ich frage mich, ob es nicht schönere Motive gibt als Löwen, die Exkremente fressen. Aber erst einmal ist Foto-Time. Intombi wandert währenddessen links und rechts vom Weg in die Büsche und taucht erst jeweils nach ein paar Minuten weiter vorne oder hinten wieder auf. Als jeder sein Foto mit den Löwen bekommen hat, setzt sich die Truppe wieder in Gang, und wir wandern in den Morgen hinein. Mittlerweile haben die Vögel akustisch die Regie übernommen, und mit einem Blick auf Intombi, aktuell wieder neben mir, gehe ich, die Morgensonne voraus, meinem letzten Tag im Busch entgegen.

Mein Herz ist leicht, und fast meine ich, dass die Strahlen der aufgehenden Sonne mich bis ins Innerste erreichen. Ich atme tief ein, und die mild-würzige Luft Afrikas kriecht in jede Ecke meiner Lunge. Diesen Geruch habe ich schon als Kind geliebt, und da ist er wieder. Manche Dinge scheint man nie zu vergessen. Ich gehe weiter und könnte weinen, so glücklich bin ich.

Als wir eine gute Stunde und gefühlte tausend Fotostopps später wieder das Camp erreicht haben, weiß ich, dass nun die Stunde des Abschieds gekommen ist. Die Zeit lässt sich einfach nicht anhalten. Bald wird mich ein

Wagen wieder zurück in ein anderes Leben befördern. Ich blicke zu Intombi, die zu spüren scheint, dass etwas mit mir und in mir passiert. Sie blickt mich mit durchdringendem Blick an und bleibt stehen. Ich gehe zu ihr hin, knie vor ihr und umarme sie. Es fühlt sich an, als ob ich einen guten Freund umarme. Geborgen und warm.

In mir erklingen Worte, die ich im Inneren höre: *Das ist dein Leben. Du hast nur eins. Fang wieder an, es zu genießen, und vergiss nicht, dankbar zu sein.* Ich spüre, wie die Tränen sich brennend ihren Weg zu meinen Augen bahnen wollen und der Rest meiner Gruppe mich von hinten beobachtet. Ich streiche Intombi über den Kopf und flüstere: »*Waka Waka*, meine Kleine. Ich komme wieder.«

Ich stehe auf und gehe, ohne mich umzudrehen, zu meinem *rondavel*, um noch vor dem Frühstück zu packen. Von den anderen verabschiede ich mich später, aber jetzt muss ich allein sein. Und während ich spüre, dass Intombi mir nachschaut, bahnen sich die Tränen ihren Weg nach draußen. Wie ein heißer Fluss strömen sie ohne Unterbrechung über meine Wangen und laufen in den Kragen meiner Bluse. Sie schmecken salzig, so, als kämen sie aus der großen, endlosen Tiefe meiner Seele. Ich weiß, dass alles stimmig ist, und ich bin trotz der namenlosen Traurigkeit in mir dankbar. Dankbar für das Leben und die Wege, die es uns eröffnet, wenn wir bereit sind, sie zu gehen. In meinem Fall hat das lange gedauert.

Rückkehr in die Zivilisation

Wie in Zeitlupe gefangen blicke ich in Richtung Einfahrt. Es ist kurz vor zehn, und mit deutscher Pünktlichkeit habe ich nach dem Frühstück und umfangreichen Verabschiedungen von der Morgentruppe mein Gepäck zur Einfahrt geschleppt und mich oben auf den Koffer gesetzt. Obwohl ich weiß, dass hier gleich ein Auto kommt, das mich zurück in das sechs Stunden entfernte Johannesburg bringen soll, und dass damit meine Ranger-Zeit endgültig vorbei ist, fühlt sich mein Kopf merkwürdig leer an. Keine Gedanken, keine Gefühle, nichts.

Als sich ein weißer Mercedes hereinschiebt, weiß ich sofort, dass dies der Wagen ist, der für mich bestimmt ist. Eine kurzgewachsene, freundlich blickende Dame steigt aus und stellt sich als Doreen vor.

»Du willst also nach Johannesburg«, sagt sie, mehr als Feststellung denn als Frage formuliert.

»Ja«, antworte ich, »sieht so aus.«

Gemeinsam hieven wir mein Gepäck in den Kofferraum, und sie fragt, ob ich noch irgendetwas brauche, es wäre eine lange Fahrt. Ich denke an Intombi, die wahrscheinlich immer noch mitten im Frühstücksraum vor dem Buffet liegt und allen Touristen der Lodge hochachtungsvolle Blicke und vorsichtige Schritte um sie herum abverlangt.

»Nein«, sage ich, »ich habe alles.« Und ich spüre, dass es stimmt. Hier gibt es nichts mehr zu tun für mich. Dennoch wäre ich gern länger geblieben. Aber dafür hätte ich die Zeit anhalten müssen. Und das ist ja nun mal niemandem möglich. Das vergessen wir nur oft und verleben einfach Tag für Tag.

Ich steige ins Auto ein, und in diesem Moment fällt mir der Teil eines deutschen Schlagers ein. Ich weiß weder, wie ich gerade jetzt darauf komme, noch wer ihn singt, aber den Text erinnere ich merkwürdigerweise ganz genau. Er lautet: »Hast du heute wirklich schon gelebt, / schon gespürt, dass es dich gibt, deinem Herzschlag zugehört, / nur für einen Augenblick?« Ich bin platt. Das Lied muss uralt sein, ein Bierzeltschlager oder so etwas Ähnliches. Dennoch: Die Frage aus dem Lied ist gut: Hast du heute wirklich schon gelebt – oder nur die Zeit vertan? Ich lehne mich in die Ledersitze des Wagens zurück und schließe die Augen. Ja, ich habe heute schon gelebt – und jeden einzelnen der letzten 35 Tage auch.

Als ich die Augen wieder öffne, ist es zwölf Uhr vorbei. Nichts habe ich mitbekommen vom Verlassen der Lodge, der Fahrt durch Hoedspruit, an dem Supermarkt vorbei, in dem ich Kaffee und Rotwein gekauft hatte, vom Beginn der schnurgeraden Straße Richtung Drakensberge. Ich bin mir nicht sicher, ob das gut oder schlecht für mein emotionales Gleichgewicht ist, aber da ich es ohnehin nicht ändern kann, schaue ich raus und lasse alle Bilder, Farben und Landschaften einfach an meinem Auge

vorbeiziehen. Was spüre ich in Anbetracht dessen, was
hinter mir liegt, und dessen, was vor mir liegt?, frage ich
mich. Ich stelle fest, dass ich überhaupt keine Lust zu phi-
losophischen Gedankenmarathons habe. Dennoch: Was
habe ich bei den Rangern gelernt? Man muss nicht alles
erklären können, aber man muss alles wahrnehmen, was
da ist. Na denn. Ich denke an mein Büro, den deutschen
Herbst, der mich erwartet, neue Projekte, meine Familie.

Je weiter ich mich vom Busch entferne, je voller wird
mein Kopf, und das gefällt mir gar nicht – obwohl es ein
Gefühl ist, was in Deutschland Dauerzustand war. Vielleicht mag ich es deswegen nicht. Ich schalte Ben auf Mu-
sikmodus und schließe wieder die Augen. Noch bin ich
in Afrika, und einer meiner Vorsätze für mein Leben
nach Afrika ist, mehr in der Gegenwart als in der Zukunft zu sein.

Es ist später Nachmittag, als ich zum ersten Mal seit
Wochen wieder eine Autobahn sehe. Ich bin erstaunt,
wie hässlich ich sie und die Autos darauf finde. Und das
sage ich als jemand, der normalerweise Autos, vor allem
schnelle, liebt. Auch sonst kündigt sich mir die nahen-
de Zivilisation nicht gerade positiv an. Rechts und links
von der Autobahn teils verfallene, teils abgewirtschaftete
Industriehöfe und -anlagen, direkt neben der Fahrbahn
Müllsäcke, Plastikflaschen und alles Mögliche, was der
Mensch so an Abfällen produziert. Am Horizont sehe ich
die Hochhäuser Johannesburgs auf uns zukommen – und
muss an die müllfressenden Leoparden denken, von denen mir berichtet worden war. Da haben sie es im Busch
doch besser, denke ich, aber im Gedanken an Wilderer
und den täglichen Kampf ums Überleben bin ich mir
dann nicht mehr sicher.

Als die Hochhäuser ganz nah sind, verlassen wir die Autobahn und fahren mitten hinein in den Trubel einer afrikanischen Großstadt. Dichter Verkehr, schmutzige Bürgersteige voller Menschen, kleiner Verkaufsstände und streunender Hunde. Das Ganze vor den Häuserfronten von Banken, Shops und Versicherungen, bei denen ich das Gefühl habe, sie haben ihre besten Zeiten lange hinter sich gelassen. Doreen scheint meine Gedanke zu erraten, denn sie sagt: »Keine besonders gute Gegend hier« und betätigt die Zentralverriegelung für die Türen.

Ich blicke in die Gesichter der Menschen auf den Gehsteigen, alle auf dem Weg zu irgendetwas irgendwo und sage: »Ja, aber das Johannesburg, an das ich mich als Kind erinnere, war zwar tipptopp sauber und sicher, dafür aber zutiefst ungerecht. Denn da herrschte noch die Apartheid.«

Wir fahren weiter, durch das Zentrum der Stadt in die eleganten Vororte. Sie sind gekennzeichnet von sauberen Rasenflächen und Parks, hoch eingezäunten Villen mit Videokameras und Stacheldraht, Shoppingzentren und breit angelegten mehrspurigen Großstadtstraßen. Auch die ein oder andere bekannte Marke schiebt sich via Werbeplakat in mein Blickfeld, und ich denke, ich könnte auch in Chicago oder London sein. Dort sieht es ähnlich aus. Aber dann erreichen wir das Ziel unserer Fahrt, ein Fünf-Sterne-Hotel, was ich noch in Deutschland für meine letzte Nacht gebucht hatte. Ich wollte wohl irgendwie sichergehen, wollte mich stückweise wieder an die Zivilisation und meine Welt gewöhnen können.

Erst als ich das Gepäck dem hilfreich heraneilenden uniformierten Menschen für seinen Rollwagen übergeben habe und mit ihm die Lobby betrete, merke ich, wie unpassend meine Sachen mit dem obenauf liegenden, staubigen, olivgrünen Rucksack, aber auch ich selbst in diesem Luxusschuppen aussehe. Meine beigefarbenen Shorts und das dunkelgrüne Polohemd sind zwar sauber, aber entsprechen in keinster Weise der Kleidernorm der an mir vorbeieilenden Geschäftsleute in dunklen Anzügen und gebügelten Oberhemden inklusive teurer Manschettenknöpfe. In Flip-Flops und mit Wochen ohne Spiegel und Föhn habe ich auch wenig Ähnlichkeit mit den gut geschminkten und geföhnten Damen in eleganten Kostümen und High Heels. *So what.*

Mit trotzig erhobenem Kopf gehe ich auf die Rezeptionistin zu, ignoriere ihren verwunderten Blick und die leicht skeptisch hochgezogene Augenbraue und flippe meine goldene Kreditkarte auf den Tresen.

»Für mich ist ein Zimmer reserviert«, sage ich und amüsiere mich innerlich über die Dienstbeflissenheit, die mir sonst in diesen Häusern gar nicht auffällt. Überhaupt, ich bin in einem Hotel meiner Lieblingskette, aber habe, glaube ich, noch nie den Luxus dieser Häuser so bewusst wahrgenommen wie an diesem Tag.

Der Tresen ist ebenso wie die hohe Decke der Eingangshalle aus dunkelbraunem spiegelglatt poliertem Holz gebaut, und überall befinden sich aus meiner Wahrnehmung unzählige kleine indirekte Lämpchen und schön geformte Leuchten, die trotz des Tageslichts draußen schon eingeschaltet sind. An den Wänden kunstvolle, messingfarben eingerahmte und einzeln angeleuchtete Bilder, allesamt Motive der Tiere Afrikas. Hinter dem Rezeptionsbereich erstreckt sich in der Lobby eine elegante, mit dickem dunkelblauem Teppich ausgelegte Bar, mit Stühlen aus dem gleichen Holz, polierten Marmortischen, Erdnüssen und schneeweißen Stoffservietten darauf. Ich komme mir vor wie ein Kind an Weihnachten, das zum ersten Mal den Christbaum sehen darf. Nur dass weniger Vorfreude dabei ist, sondern eher das große Wundern und ungläubige Starren vorherrscht. Was für eine Pracht! Was für ein Luxus!

Ich erinnere mich selbst daran, dass dies meine normale Arbeitswelt darstellt, und zwinge mich, nach dem Check-in ohne anzuhalten weiterzugehen. Ich will nicht noch mehr Aufmerksamkeit erregen: Flink bewege ich mich mitsamt Gepäckträger an der Bar vorbei Richtung Aufzug (auch erleuchtet, sogar jeder einzelne Etagenknopf), wobei ich am liebsten stehen bleiben würde, um alles in Ruhe zu bestaunen.

Im Zimmer angekommen, geht das Staunen weiter. Am meisten faszinieren und erfreuen mich zwei Dinge, an die ich nur wenige Wochen zuvor nicht einmal eine Sekunde meiner Denk- und Wahrnehmungskapazität verschwendet habe. Die Eiswürfel auf der Minibar und das Bettlaken nebst Bettdecke auf dem Kingsize-Bett. Unfassbar. In der Wildnis hatte ich mir ab und an nur einen einzigen Eiswürfel für die lauwarme Cola herbeigewünscht, und hier stand ein ganzer Krug davon. Glänzend und durch die vielen Lichter des Zimmers seltsam glitzernd.

Nachdem der Gepäckmann gegangen ist, setze ich mich auf das Bett, und, ich schwöre es, meine Haut an den nackten Oberschenkeln und Waden nimmt jede einzelne Faser der weichen Luxusunterlage wahr. Es kribbelt bis in den Bauch hinein, und ich lasse mich einfach rückwärts fallen. Es ist herrlich, und fast meine ich, durch das blütenweiße und perfekt gespannte Baumwolllaken unter mir das Waschmittel und das Bügeleisen, das es bearbeitet hat, zu spüren. Es ist unfassbar schön und intensiv. Ich wusste gar nicht, wie sehr ich ein echtes, frisch bezogenes Bett vermisst hatte, und dieses Gefühl wird auch erst getoppt, als ich ins Bad gehe. Noch nie zuvor habe ich die Sauberkeit und den für mich unfassbar großen Luxus eines Hotels so erlebt. Dabei habe ich schon in Hunderten dieser Dinger geschlafen.

Die Handtücher im Bad sind neben der breiten, voll verglasten Dusche inklusive Massageduschkopf der Brüller. Ultradick, schneeweiß und superweich. Wahnsinn. Ich denke an meine Dusche im Busch, unter einem Wellblechdach, auf einer groben Betonplatte und eingerahmt von Hölzern, immer Angst habend, dass der ohnehin mickrige Strahl warmes Wasser gleich endet. Ich lächle ein Lächeln voll Dankbarkeit und verbringe eine komplette Stunde unter der Dusche und im Badezimmer. Mit jeder Minute werde ich wieder zivilisationstauglicher und dekliniere das Wort »Körperpflege« in einer für mich völlig neuen Intensität durch.

Als ich dann irgendwann tatsächlich aus meinem Badetempel herauskomme und mir im ebenfalls superweichen Bademantel aus der Minibar einen perfekt gekühlten Gin Tonic heraushole, ihn mit Eiswürfeln und Zitronenscheibe in ein glänzend poliertes Glas gieße, gibt es nichts, absolut nichts, was mich in noch höhere Sphären der Entspannung hätte bringen können. Ich trete auf die Terrasse meines Zimmers, setze mich auf die gepolsterte Teakholzliege und blicke in den Himmel, der sich allmählich rot verfärbt. Bäume sehe ich keine, aber als ich gerade zum ersten Schluck ansetze, höre ich den Ruf einer Halbmondtaube (*Red-eyed Dove*). Ohne nachzudenken erkenne ich ihren Ruf und weiß sogar ihren Namen. Mein Glück kennt keine Grenzen, und dieser Gin Tonic, da bin ich ganz sicher, ist der beste meines Lebens.

Tschüs Afrika, hallo Berlin!

Ich werde wach, und noch bevor ich richtig wach bin, spüre ich die Weichheit des Bettes unter mir und die Sauberkeit der Bettdecke auf mir. Ja, Sauberkeit kann man spüren, allerdings nur, wenn man weiß, wie sich Schmutz anfühlt. Und das wusste ich nur zu gut aus den Wochen, die hinter mir und gefühlte Lichtjahre weit weg von diesem Luxushotel waren.

Trotz aller Müdigkeit, guten Essens und wunderbaren Weins hatte ich mich schwergetan mit dem Einschlafen am Vorabend, und das lag vor allem daran, dass ich nichts hören konnte. Es war unglaublich, aber all die tierischen Geräusche, vom Zirpen der Zikaden bis zum Rascheln der ab und zu hinter meinem Zelt höchst aktiven Stachelschweine, fehlten in diesem Dreihundert-Zimmer-Betontempel mit nach außen hin verspiegelten Scheiben völlig. Und das empfand mein Körper als gruselig.

Mehrfach wurde ich nachts wach, weil ich das Gefühl hatte, die Welt wäre untergegangen und ich hätte es nicht mitbekommen, denn es war so unheimlich still. Kein Mucks von draußen, kein Zeichen des Lebens drang durch das Sicherheitsglas der Fenster meines Raums, und mein Unterbewusstsein schien das irgendwie zu stressen. Nach dem dritten Mal Wachwerden und dem unangenehmen Gefühl, in einer tiefen, dunklen Höhle zu liegen, entschied ich mich, eines der Fenster zu öffnen, obwohl ich ein ebenerdiges Zimmer hatte und Johannesburg nicht gerade als sicherste Stadt der Welt bekannt ist. Das war mir und meinem Wunsch nach Schlaf aber egal. Und tatsächlich, die nun hereindringenden Geräusche ab und zu vorbeifahrender Autos beruhigten mich, und obwohl mir mein fernes Hyänenkichern aus dem Camp lieber gewesen wäre, so konnte ich nun doch wenigstens durchschlafen. Noch im Einschlafen denke ich, wie verrückt das Leben spielt. In meinen ersten Nächten im Camp, vor allem morgens, hatte mich die Geräuschkulisse der Natur den Schlaf gekostet, nun war sie weg und fehlte mir. Der Mensch ist schon merkwürdig.

Die Flüge nach Deutschland gehen meist abends, also blieb mir nach dem Wachwerden und Frühstück ein guter halber Tag für ausgedehnte Shopping-Trips im Umfeld des Hotels und ein faules Herumliegen am Pool auf der Dachterrasse. Als ich vom Frühstück zurückkomme und durch die Lobby Richtung Aufzug laufe, sehe ich auf einem blitzblank polierten Messingschild das Wort »Business Center«, noch vor wenigen Monaten mein Dauer- und Lieblingsaufenthaltsort in Hotels, denn dort kann Geschäftsmann und -frau ausdrucken, mailen, faxen etc. Heute aber widerstehe ich der Versuchung hineinzugehen oder meinen guten Ben auf E-Mail-Empfang zu schalten, denn heute ist mein letzter Tag in Südafrika. Ich ahne, dass ich ab morgen sowieso wieder dauerhaft an meine diversen Mini-Bildschirme und Konferenztische gekettet sein werde. Heute noch mal, so mein Vorsatz, einfach leben. In der Sonne sitzen, den Gedanken nachhängen und die eigenen Träume zulassen, ohne auf das dauerhaft schlechte Gewissen eines überaktiven Managers im Inneren zu hören.

Sicheren Schritts gehe ich also am Hinweisschild des Business Centers vorbei und strebe Richtung Poolterrasse. Es ist ein herrlicher Morgen. Strahlend blauer Himmel, noch nicht zu heiß, dazu die typisch südafrikanischweiche Luft. Als ich auf die Terrasse trete, fliegen zwei Tauben auf, und ganz automatisch sehe ich ihnen nach. Sie hatten auf einer Eingangsstufe zum Swimmingpool getrunken, und ich stelle überrascht fest, wie vertraut sie mir sind. Durch meine Zeit in der Natur scheinen die Tiere meiner Seele nahegekommen zu sein, und es ist ein wunderbares Gefühl, sie an anderen Orten wiederzusehen, auch jenseits der Natur. Es ist fast, als ob man einen alten Freund wiedersieht und ohne jedes Wort weiß, wo der andere herkommt. Da macht es dann auch nichts aus, dass sich die Wege wieder trennen. Die Verbindung ist einfach da, und ich empfinde sie als wertvoll und beglückend, obwohl natürlich die rationale Seite in mir mit leicht zynisch-negativem Unterton zu verstehen gibt: Mal sehen, wie lange das so bleibt.

Dass dieses Gefühl noch lange, ganz lange und bis zu ebendiesem Moment Monate später, in dem ich diese Zeilen in Berlin schreibe, anhalten soll, ist mir zu diesem Zeitpunkt nicht bewusst. Aber an diesem Tag, mit den zwei Tauben am Pool, dem Abflug an einem übervollen Flughafen in Johannesburg, einer langen Nacht über den Wolken auf dem Weg zurück nach Deutschland und der Ankunft an einem hektischen Flughafen in der Hauptstadt, voll mit blassen, in Eile befindlichen Menschen in meist dunklen Anzügen, da ist es immer noch da, wenn ich einen gefiederten Freund entdecke oder seinen Ruf höre. Das Gefühl einer tiefen Verbundenheit mit dem, was das Leben ausmacht.

Nach meiner Rückkehr wird mir klar, wie wichtig es ist, auch als Erwachsener den Mut zu haben, seine Träume zu leben. Denn sie sind es, die uns stark machen, uns das Leben in seiner gesamten Bandbreite vor Augen und zurück ins Herz führen. Sie verhindern, dass wir uns selbst mit einer Schmalspurvariante abspeisen. Das eine Leben, das wir haben, zu leben, wirklich zu leben und uns dabei selbst viel besser kennenzulernen, als wenn wir nur funktionieren, das habe ich in Afrika gelernt. Natürlich hatte ich Ängste und viele Schwierigkeiten als einzige Frau unter Männern in einer rauen Natur. Aber das, was zählt, ist in uns und nicht um uns herum.

Und mit etwas Glück und dem Anspruch, unsere Träume nicht nur träumen, sondern leben zu wollen, findet derjenige, der seine Träume lebt, dabei mehr von sich und mehr Sinn im Leben als in allen Lebensratgebern der Republik.

Und dann, mittendrin im Fluss des Daseins, erkennt man ohne Mühe das Richtige und Falsche im eigenen Leben und hat auch die Kraft, danach zu handeln. Und so ist aus meinem Kindheitstraum nicht nur die beste Safari meines Lebens geworden, sondern ein Leben, von dem ich mit neuem Bewusstsein sagen kann: Das ist mein Leben, und ich bin nicht nur dankbar für jeden neuen Tag, sondern auch für jeden Traum, den ich noch habe. Und als echter Ranger habe ich vor, noch etliche davon umzusetzen.

Leben oder gelebt werden, die eigene Bestimmung mit Leidenschaft verfolgen oder ihr gar nicht erst nachzugehen, diese Frage stellt sich heute für mich nicht mehr. Deswegen frage ich nun Sie: Leben Sie Ihren Traum? Sind Sie ein Ranger Ihres Lebens? Ich wünsche es Ihnen von Herzen, denn ich bin überzeugt: Unsere Welt braucht mehr Menschen, die ihr Leben mit Hingabe leben und an die Kraft ihrer Träume glauben.

Nachwort

Wenn ich heute auf meine Zeit in Afrika zurückblicke, dann bin ich vor allem dankbar. Dankbar, dass ich den Mut gefunden habe, meinem Kindheitstraum zu folgen, egal wie verrückt das auf den ersten Blick schien. Dankbar für alle Menschen in meinem Umfeld, die mich dabei unterstützt haben, und dankbar für meine innere Stimme, die sich in all den Jahren meiner hektischen Berufstätigkeit nicht von meinem Verstand unterkriegen ließ. Und ich empfinde tiefe Zufriedenheit. Eine Zufriedenheit, die ich aus meinen beruflichen Projekten nicht kannte. Denn die berufliche Zufriedenheit war für mich bisher immer irgendwie flüchtig. Schon wenige Tage, manchmal auch nur Stunden nach einem unternehmerischen Erfolg schwand sie, meist gemeinsam mit der Formulierung neuer Ziele und Herausforderungen. Meine Afrika-Zufriedenheit aber ist eine beständige, sie ist eine enorm starke Kraft in mir, und sie ist auch heute noch genauso groß wie am Tag meiner Rückkehr.

Wenn ich ein Bild von ihr malen müsste, würde ich sie als einen Felsen im Meer darstellen. Ein Felsen, der manchmal von Wellen umspült wird, manchmal auch überdeckt ist von bewegtem Wasser, doch der immer da ist. Stark, zuverlässig, schön. Mein Afrika-Felsen, so sagt es mir mein Gefühl, ist auch immer da. Keiner kann ihn mir nehmen, nicht einmal ich selbst.

Auch der Alltag, der tatsächlich nach meiner Rückkehr erst einmal wie eine große Welle über mich kam, konnte dem Felsen und mir nichts anhaben. Im Gegenteil. Afrika begleitet mich auf meinen Dienstreisen, bei Vorträgen, Lesungen, in Kundenterminen und überall dorthin, wohin mich mein Leben treibt. Afrika ist bei mir, wenn ich im Kreise meiner Familie und Freunde bin. Wenn ich im Fernsehstudio kurz vor dem Auftritt in der Maske die Augen schließe oder mich durch den hektischen Berliner Stadtverkehr quäle. Nur ist mein heutiges Afrika-Gefühl schwer zu beschreiben, denn für Dinge, die jenseits des eigenen Verständnisses liegen, fehlen oft die Worte.

Was ich aber mit Sicherheit sagen kann, ist, dass ich jedem einen solchen inneren Felsen wünsche. Man erhält ihn jedoch nur, wenn man sich weit aus dem Fenster der Sicherheit lehnt und dem folgt, was einen wirklich berührt und bewegt. Das Leben, das mir meinen Afrika-Felsen beschert hat, begann außerhalb meiner Komfortzone. Und ich bin überzeugt, dass man erst jenseits der eigenen Sicherheitszone das entdeckt, was man als Erwachsener braucht, egal ob als Mitarbeiter, Mutter oder Führungskraft, um ein ausgefülltes, glückliches, erfolgreiches Leben zu führen.

Erst wenn man etwas tut, von dem man keine Ahnung hat, ob man sich damit nicht zu weit über seine Möglichkeiten hinauswagt, erst wenn man die magische Grenze zwischen kindlicher Begeisterungs- und Lernfähigkeit sowie erwachsener Durchsetzungskraft und Logik für sich neu entdeckt, entdeckt man in sich ungeahnte, bisher ungenutzte Kräfte.

Dabei spielt es dann auch keine Rolle, ob der Bereich jenseits der Komfortzone Afrika heißt, fremde Menschen, ein lang gehegter Wunsch oder neue Aufgaben. Entscheidend sind das innere Gefühl und die Einstellung zum Aufbruch. Wenn die innere Stimme Ja sagt, aber unser Kopf tausend Argumente dagegenhält, ist das ein gutes Zeichen, dass wir richtigliegen und unserer inneren Stimme folgen sollten.

Und damit beginnt dann auch ein neues Kapitel des eigenen Lebens. Ein Kapitel, in dem einem an jedem Tag klar ist, dass man selbst das Buch seines Lebens schreibt und nicht andere das für einen tun. Weil man sicherstellen will, dass das Ende des Buchs (egal wie dick es werden wird) ein Happy End ist und nicht ein Ende voller zu später Erkenntnisse und Selbstvorwürfe für das, was man versäumt hat zu tun.

Deswegen hat mir mein Afrika-Felsen auch geholfen, mein Leben Zug um Zug zu verändern. Weil das Ende des Lebens, das hatte ich in Afrika gelernt, oft plötzlich, blitzartig und ohne Vorwarnung kommt, wollte oder konnte ich nicht so weitermachen wie bisher. Tiere leben ihr Leben bis zu diesem Moment X zu 100 Prozent. Sie machen das intuitiv, Menschen tun sich da schwerer. Sie machen täglich Kompromisse, leben im »Zu Viel Von Allem« und vergessen schließlich, worauf es wirklich ankommt, nämlich das eigene Glück. Dieses zu gestalten und im Alltag zu erhalten fällt vielen Menschen aus guten Gründen schwer. Auf ihnen lasten ihre Vergangenheit, die Gewohnheiten der Gegenwart, die Komplexität des Alltags, die Erwartungen anderer. Es fehlt ihnen die Ruhe zum Reflektieren und Kraftschöpfen.

Die Löwen in Afrika schlafen, spielen und ruhen gemeinsam den ganzen Tag bis auf wenige Stunden. Wir Menschen machen es andersherum. Und wenn wir zur Jagd aufbrechen, fehlt uns oft der messerscharfe Fokus, den man bei jeder jagenden Löwin auf große Entfernung mit bloßem Auge erkennen kann. Auch im Bereich Teamwork, dem Folgen der eigenen Intuition und dem Pflegen von Ritualen, die den Zusammenhalt stärken, können wir Menschen viel von den Tieren lernen.

In Afrika habe ich unendlich viel von den Tieren und der grandiosen Natur erfahren, mehr als in dieses Buch hineinpasst. Aber das, was den Unterschied im Alltag ausmacht, ist nicht das Wissen selbst, sondern dessen Anwendung.

Und so setze ich dieses Wissen heute mit großer Freude in einem neuen Alltag und dem Beruf meiner Leidenschaft ein. Diese Leidenschaft, das Schreiben und Vorträge halten, hatte ich schon immer, jedoch nicht die Zeit, ihr zu folgen. Heute habe ich erkannt: Ich bin der Ranger meines eigenen Lebens und bestimme, wie viel Zeit ich wofür habe. Auch wo und wie ich leben und arbeiten will. Heute muss ich nicht mehr etliche Firmen besitzen und nahezu nonstop arbeiten, um glücklich zu sein. Heute kann ich arbeiten UND das Leben zu hundert Prozent genießen. Dafür bin ich unendlich dankbar. Afrika hat mir zu diesem neuen Leben die Tür geöffnet. Durchgehen musste ich alleine, ebenso wie jeder von Ihnen sich nur alleine an die Umsetzung seiner eigenen Träume machen kann. Aber jeder dieser Wege führt, da bin ich mir sicher, zu einem erfüllteren, glücklicheren Leben. Und das ist es doch, was wir uns alle wünschen, oder?

Aber auch jenseits der privaten Einsichten inspiriert Afrika zur Veränderung. Als Ranger sehe ich viele Parallelen zwischen der Geschäftswelt und der Welt der Natur mit ihren unumstößlichen Gesetzen. Ebenso wie die Elefanten in Afrika ihrem Weg zu den Wasserlöchern der Savanne unbeirrt folgen, so folgen auch Menschen in Organisationen, in jeder noch so kleinen Einheit, den durch Regeln definierten Wegen. Der Unterschied ist das Maß an Anpassungsbereitschaft und Flexibilität. Kein einziges Tier Afrikas überlebt auf Dauer, ohne sich fortlaufend auf sein verändertes Umfeld einzustellen, seine Routen zu verändern, seine Jagdreviere zu verlagern, seine Jagdtechniken anzupassen.

Nur Menschen tun sich mit Veränderung unheimlich schwer. Das ist im Kleinen mit guten Vorsätzen, die das eigene Leben betreffen, das Gleiche wie im Großen, wenn es um die Kundenorientierung oder eine neue Kultur von Firmen und Organisationen geht.

Wir wissen, was richtig ist, aber das Umsetzen der Konsequenzen ist wahnsinnig schwer und gelingt viel zu selten. Und je mehr Menschen davon betroffen sind, umso schwieriger wird es. Ob in der Politik, in Unternehmen, in der eigenen Familie oder auch nur bei einem selbst. Ob es darum geht, abzunehmen oder eine andere Familienpolitik zu betreiben, ob es darum geht, eigene Vorbehalte ab- oder ein Unternehmen neu aufzustellen: Wandel bringt Ängste mit sich, und da wir Menschen ja intelligenter als die Tiere sind, gelingt es uns, ein ganzes intellektuelles Arsenal von Waffen gegen den um uns herum unübersehbaren Wandel aufzufahren und ihn auf diese

Art und Weise so lange wie möglich zu verhindern. Nicht alle Waffen kommen offen zum Einsatz, aber das Ergebnis ist immer das gleiche. Weiter so wie bisher, nur mühsamer. Und: mit wenig Chancen auf Erfolg.

Kein Tier Afrikas könnte auf dieser Basis überleben. Sie leben und erleben jeden Tag den Wandel in ihrem Umfeld. Veränderung ist für sie das Natürlichste der Welt. Sie sind ebenso wie gute Ranger immer präsent und Musterbeispiele der *situational awareness*. Sie passen sich und ihr Verhalten automatisch den Gegebenheiten an. Ohne Wenn und Aber. Und wer die Veränderungen nicht wahrnehmen will oder sie übersieht, der stirbt, so wie das Impala, das den Löwen nicht heranpirschen hört, oder das Zebra, das sich zu weit aus dem Schutz seiner gestreiften Herde entfernt.

Was habe ich also in Afrika gelernt? Dass Veränderung notwendig und machbar ist. Dass man mehr kann, als man denkt, selbst wenn man ein Optimist ist. (Dreihundert Vogelstimmen zu identifizieren hätte ich niemals für möglich gehalten, obwohl ich es gern wollte.) Auch seinen eigenen Weg gehen zu können, solange man auf seine innere Stimme hört und weiß, wo man herkommt und wo man hinwill. Dass auch das für unmöglich Gehaltene möglich werden kann, wie zum Beispiel mit einem Geparden spazieren zu gehen oder als Europäerin Ranger zu werden, das hat mir Afrika gezeigt. Und dass auch Erwachsene ein Recht haben, ihre Träume zu leben und ihren Leidenschaften zu folgen. Sogar mehr als das: Sie sollten sich regelmäßig fragen, ob sie das Leben leben, für das sie bestimmt sind.

Jeden Tag habe ich live im Busch erlebt, dass wir von allen Lebewesen und der Natur lernen können und sollten:

Diese und ähnliche Erlebnisse wünsche ich möglichst vielen Menschen, denn ich glaube, dass wir so größere Chancen haben, unsere eigene Zukunft und die unseres Umfeldes besser zu gestalten.

Und während ich diese Zeilen schreibe, lebe ich mein neues Leben in Deutschland und den USA, plane mein nächstes Buch und genieße die Veränderungen in meinem beruflichen und privaten Leben. Natürlich machen sie hin und wieder auch Angst, das ist die Natur von allem Unbekannten, aber vor allem sind sie eines: der Beweis, dass ein Spurwechsel möglich ist. Egal wo man lebt und wie alt man ist. Und dass Träume gelebt werden wollen. Ich denke an die Elefanten und Löwen, an Intombi und alle meine gefiederten Freunde im fernen Afrika und lächle. Im Inneren höre ich mal wieder mein Afrika-Lied und meine Gedanken schwingen im Takt mit: *Waka Waka*. Wir sind alle Afrika!

Danksagung

Dieses Buch war nicht geplant. Aber das Leben hält sich oft nicht an Pläne oder Schranken im eigenen Kopf, und das ist gut so. Denn so habe ich die Chance, Danke zu sagen: Meinen Eltern, die mir als kleinem Mädchen die Schönheiten eines wunderbaren Landes zeigten. Meinem großartigen Team im Büro, das ohne zu zögern ein Mehr an Verantwortung und Selbstständigkeit übernahm und mir erstmals das Gefühl gab: Es ist okay für einen Chef, auch mal loszulassen.

Dann natürlich meinem wunderbaren Team im Verlag und dem Mann, der mich zu der Traummarke meiner jugendlichen Abenteuerpläne brachte: Malik/National Geographic. Deren großes Engagement für fremde Kulturen und die Natur seit über hundert Jahren bewundere ich über alle Maßen.

Auch den Menschen in Südafrika gilt mein Dank: den Tier-, Reise- und Safari-Experten Claudia und Robin, die Südafrika aus ganzem Herzen lieben und so viel Wissen, von dem wir alle profitieren können, zu teilen haben. Meinen Rangern, Prüfern, Fährtenlesern, Mitschülern, der Köchin des Camps und allen hinter den Kulissen der Ausbildung: Ohne euch wären meine Erfahrungen niemals so unvergesslich und schön geworden. Ich danke euch für eure Geduld, euren Humor, eure Unterstützung, euren Rat und all das, was dazu beitrug, einen abgehobenen, etwas verlorenen Großstadtmenschen wieder auf den Boden des Lebens zurückzuholen.

Schließlich danke ich Caroline Casey, deren Ehrlichkeit und grenzenlose Energie die Tür in mein Herz zu einem lange vergessenen Kindheitstraum geöffnet hat. Und ich danke meiner Familie, die mich nicht nur immer unterstützt hat, sondern auch von der ersten Sekunde ihren Beitrag leistete, dass aus meinem Traum Wirklichkeit werden konnte. Das wiegt umso bedeutender, weil es hieß, mich gehen zu lassen.

Danke euch allen. Ich verdanke euch unendlich viel.

Weiterführende Links

Zu Rangerausbildungen:
www.fgasa.co.za – der südafrikanische Berufsverband der Ranger (nature guides). Viel Wissenswertes über Ausbildungen, Termine etc.
Weitere Provider für Ausbildungen: *www.bushwise.co.za*, *www.ecotraining.co.za*, *www.antares.co.za*, *www.natureguidetraining.com*.
www.youtube.com/watch?v=0Z3pbUUhaqk – ein schönes Video über ein Eco-Training im südafrikanischen Karongwe Camp.

Zu Tier- und Tierschutzprojekten:
www.daktaribushschool.org – ein gemeinnütziges Projekt, das unterprivilegierten Schülern die Wildnis und ihre tierischen Bewohner näherbringt.
Weitere spannende Tierschutzseiten: *www.awf.org*, *www.hesc.co.za*, *www.moholoholo.co.za*, *www.elephantsforafrica.org*

Zum Krüger-Nationalpark und weiteren Reisezielen:
www.krugerpark.com – auch über Facebook erreichbar. Besonders gut: Alle Follower bekommen live Updates über Tiersichtungen inklusive der genauen Lage.

www.tshukudulodge.co.za – hier leben Intombi und ihre Löwenfreunde.

www.claudiaschnell.com – eine Deutsche, die dem Zauber Afrikas erlegen ist. Hier sind tolle, individuelle Afrika-Reisen und Ranger-Erfahrungen buchbar.

www.wamvengatraining.com – Robins Seite. Nicht nur mein Lieblingsranger, sondern ein toller, privat buchbarer Ranger für Fußmärsche und Jeepsafaris durch den Busch. Spricht auch Deutsch.

www.kruger2canyons.com – Informationen über Hoedspruit, der von unserem Camp aus gesehen nächste Ort.

Zu mir ...
www.kerstinplehwe.com – hier finden Sie Infos über die Autorin, Vortragstermine und Kontaktdaten. Stay in touch! Ich freue mich über Kontaktaufnahmen, natürlich auch unter:
www.facebook.com/kerstinplehwe

Frauen entdecken die Welt

Benka Pulko
Kickstart
Als Frau solo mit dem Motorrad um die Welt

2000 Tage, 180 000 Kilometer und 75 Länder. Mit Witz und Leidenschaft berichtet Benka Pulko von ihrer Weltumrundung – der längsten Solo-Motorradreise einer Frau.

Julia Malchow
Mut für zwei
Mit der Transsibirischen Eisenbahn in unsere neue Welt

15 000 Kilometer allein mit Baby von München durch Sibirien und die Mongolei bis nach Peking. Ein großes Abenteuer, das mit gängigen Familienvorstellungen aufräumt.

Linda Leaming
Das glücklichste Land der Welt
Mein Leben in Bhutan

Linda Leaming lebt ihren Traum und zieht ins »Land des Donnerdrachens«. Charmant erzählt sie, wie sie die Amtssprache Dzongkha lernt, sich die buddhistische Lebenswelt erschließt und ihre große Liebe findet.

Magisches Afrika

Carmen Rohrbach
Namibia
Abenteuerliche Begegnungen mit
Menschen, Landschaften und Tieren

»Hinhören. Nachspüren. Eintauchen.
Hineinkriechen in die Menschen und
Landschaften Namibias, wie in ein
Zelt, das vor kühlem Wind schützt.«
　　　　　　　Frankfurter Allgemeine Zeitung

Michael Obert
Regenzauber
Auf dem Niger ins Innere Afrikas

»Ob Chatwin, Theroux oder Krakauer –
mit diesem Buch hat sich Michael Obert
in die erste Reihe der Großen seines
Fachs geschrieben. Regenzauber ist ein
Hochgenuss.«
　　　　　　　Frankfurter Rundschau

Ilija Trojanow
In Afrika
Mythos und Alltag

»Trojanow betrachtet derart gründlich,
dass seine Schilderungen repräsentativ
für den Kontinent sind.«
　　　　　　　DIE ZEIT